山东美术出版社
SANHUAN RD.(N).
吃透你了，
成都
美食侦探系列

美食
侦探
四方街
酒吧
BAR
TEA

美食侦探系列 吃透你了，成都

爱生活，爱旅行，
爱冒险，爱城市文化，
爱精致美食，也爱无牌无照街边小吃摊，
我不是什么美食家，
也不是伪小资，
我就是我，
我只想做美食侦探。我和你一样，
我是Mr.Q。

目录

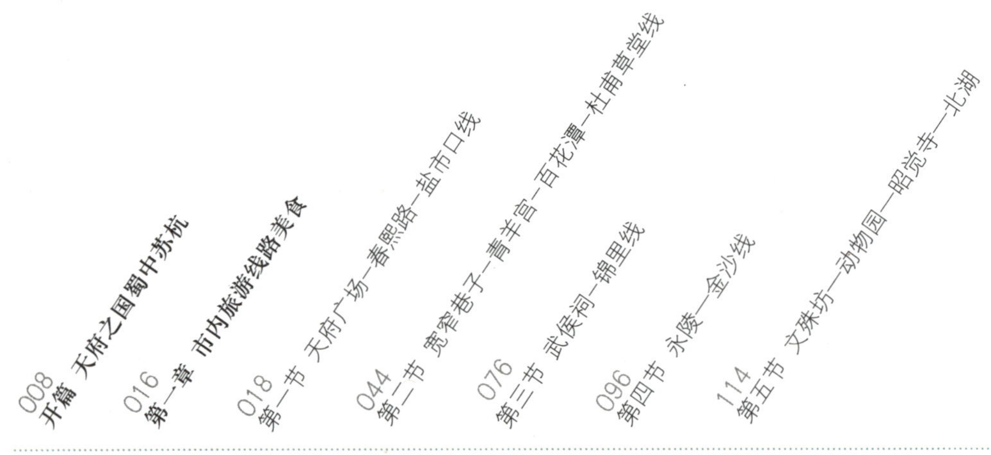

008 开篇 天府之国蜀中苏杭

016 第一章 市内旅游线路美食

018 第一节 天府广场—春熙路—盐市口线

044 第二节 宽窄巷子—青羊宫—百花潭—杜甫草堂线

076 第三节 武侯祠—锦里线

096 第四节 永陵—金沙线

114 第五节 文殊坊—动物园—昭觉寺—北湖

126 第二章 东南西北四线之高校美食

128 第一节 东线——四川师范大学

142 第二节 南线——四川大学

162 第三节 西线——西南财经大学

176 第四节 北线——西南交通大学线

190 第三章 郊区主题美食

212 第四章 成都五日小吃团攻略

成都

成都位于岷江中游，四季分明，温暖湿润。受大型水利工程都江堰两千多年的福泽，我国西南最大平原——成都平原成为“水旱从人、不知饥馑”的“天府之国”。2010年，联合国教科文组织授予成都“美食之都”称号，成都一跃成为亚洲第一个世界“美食之都”。成都的美食历史悠久、种类繁多，麻辣鲜香的火锅、色香俱全的川菜、推陈出新的小吃，让人吃罢唇齿留香、念念不忘。看美女、品美食、赏美景，本人信心满满地空降成都，为大家逐一侦探最新的成都美食谍报。

天府之国 蜀中苏杭

「看美女、品美食、赏美景。」

住宿酒店推荐

成都交通以天府广场为中心，呈环状分部，市内建成三大环线加一条绕城高速。在这里挑选了几家交通便利，在闹市区附近的中、高、低档酒店供你选择。收拾好行囊，饥肠辘辘的状态下，拿着相机就可以开始美食之旅了。

安逸158连锁酒店（人民公园店）

青羊区方池街18号

028–86131158

安逸158连锁酒店人民公园店坐落于成都市中心地带——方池街18号，地处成都市中心人民公园侧（规划中的地铁二号线站口），毗邻成都著名的天府广场、宽窄巷子，打车到市中心春熙路约5分钟，到火车北站15分钟。

梦之旅国际青年旅舍

武侯区武侯祠大街242号

028–85570322

梦之旅国际青年旅馆是专为背包客、旅游者及各类学生而建的，用住客的话来说，可称得上豪华型的青年旅馆，高档的设施、温馨的服务、低廉的收费、得天独厚的地理位置，正是人们梦寐以求的在外地的家！

天府丽都喜来登大酒店

青羊区人民中路一段15号

028–81689988

成都天府丽都喜来登饭店位于成都市人民中路，地处市中心商务及金融黄金地段，交通便利，距成都双流国际机场约30分钟车程。饭店是成都最豪华的五星级国际商务饭店之一，拥有设计精美、典雅高贵的高级客房和各类豪华套房，宾客可在宁静致远中眺望蓉城无限美景。

旅游景点推荐

武侯祠

位于成都市武侯祠大街，是中国唯一的君臣合祀祠庙，由刘备、诸葛亮蜀汉君臣合祀祠及惠陵组成。乘1、8、10、26、53、区53、57、59、82、301、302路公共汽车可达。

8:00～18:00

60元/人

杜甫草堂

位于成都西郊的浣花溪畔，是唐代诗人杜甫于当时的居所。现在的草堂是梅园和草堂寺（梵安寺）合并而成的，名为杜甫草堂博物馆，是有关杜甫生平创作馆藏最丰富、保存最完好的地方。乘17、35、47、82、84、301路公共汽车可达。

7:00～20:00

60元/人

文殊院

成都市区现存最完整的一座佛教寺院，位于青羊区酱园公所街58号（人民北路）。乘16、55、64、99、302路公共汽车可达。

8:00～18:00（冬季17:00）

5元/人

青羊宫

川西第一道观。位于成都市一环路西二段。南面百花潭、武侯祠（汉昭烈庙），西望杜甫草堂，东邻二仙庵。乘5、11、17、19、25、27、34、35、42、47、58、59、63、82、84、109、301路公共汽车可达。

8：00～18：00

10元/人

大慈寺

位于成都市东风路，唐、宋之际，寺以壁画著称，苏轼誉其“精妙冠世”。寺宇宏丽，院庭深广，为成都著名古寺。现为成都市博物馆。乘3、4、58、81、98路公共汽车可达。

8：00～17：30

5元/人

永陵

位于羊市街西延线三洞桥，我国已发掘的唯一一座地上皇陵，是五代前蜀帝王建的墓冢。乘4、25、42、46、48、54、56、62、302路公共汽车可达。

8:00～17:00

3元/人，通票20元/人

昭觉寺

与动物园紧邻，是著名的佛教祖庭。乘1、区7、45、60、63、69、70、71、83、302路公共汽车可达。

8：00～17：30

2元/人

机场大巴

机场大巴起点双流机场，终点为市中心的岷山饭店，行程18公里，行车时间20分钟。

双流机场—岷山饭店（直达），通车时间：07：00—所有航班结束

岷山饭店—双流机场（直达），通车时间：06：00–21：00

机场大巴（机场—市区）停靠以下四站：美国领事馆—成都数码广场—小天竺—岷山饭店

出租车

在机场到港大厅6号门外面，正规出租车均在此排队候客。捷达、桑塔纳等车型，起步价8元，速腾起步价9元。起步里程2公里。每公里租价1.9元。

成都旅游公交车901路

旅游观光线路：旅游集散中心—金沙遗址

通车时间：08:30–18:00

零票3元乘当班车有效，日票10元当日有效，限乘坐5次

上行共13站：旅游集散中心–春熙路南口–盐市口–南郊路–武侯祠–小南街北–通惠门–青羊宫–送仙桥–草堂北路南–成温路立交桥–蜀汉路同和路口–金沙遗址

下行共12站：金沙遗址–金沙车站–成温路立交桥–草堂北路–送仙桥–青羊宫–小南街北–武侯祠–南郊路–盐市口–春熙路南口–旅游集散中心

旅游客运中心——新南门汽车站

客运中心位于成都市新南门汽车站，又名成都旅游客运中心。位于成都市新南路。市内可以乘坐6、28、49、55、301路等公交车到达，汽车站也有提供旅游相关服务。新南门车站的班车线路覆盖成都周边以及川内知名旅游景区。

王
鸭
四方街
張飛牛肉
成都名小吃
汤麻饼

四方街
酒吧
BAR
TEA
街
酒
吧

love
SANHUAN R

第一章
市内旅游线路美食
hot
CHENG
DU
味

第一节

天府广场—春熙路—盐市口线

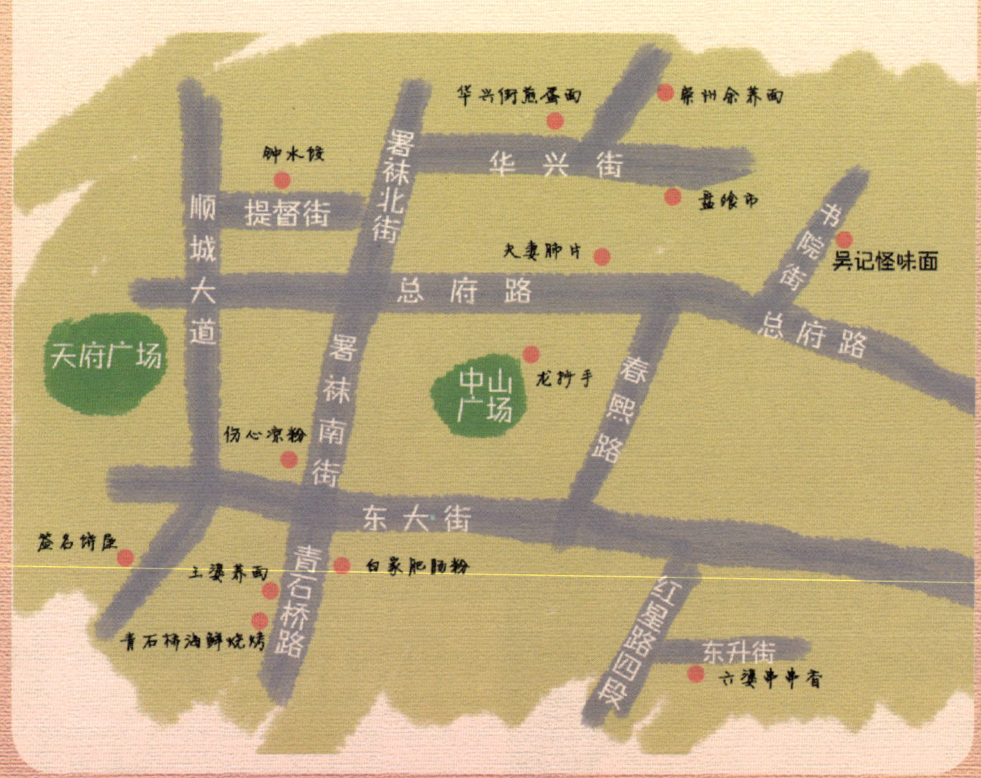

天府广场乃成都市最著名的大型市政广场，位于目前单中心结构的成都市的最中心位置。改造后的新天府广场上绿草茵茵，喷泉荡漾，12个文化图腾柱和12个文化主题雕塑群代表着太阳神鸟、金沙与三星堆等著名的古蜀文化，地铁1、2号线在不久的将来在此交汇，广场也将成为成都重要的交通节点之一。从天府广场出发，经总府路步行到春熙路、盐市口约十分钟。

春熙路的前世肇始于商贾，发命于官府，完成于军阀时期。始建于1924年的春熙路由当时的四川督办杨森提议兴建，得名于老子《道德经》中："众人熙熙，如登春台"。春熙路乃成都最著名的商圈和旅游地，汇集众多品牌专卖店、大型商场和老字号的购物店，也是成都传统美食聚集地。而与春熙路仅步行五分钟之隔的商圈盐市口因清政府在此设立官盐店而得名，地处成都市中心的商业腹地，享有成都"第一金口岸"的美誉。话不多说，我们赶快去看看市中心的老成都美食吧！

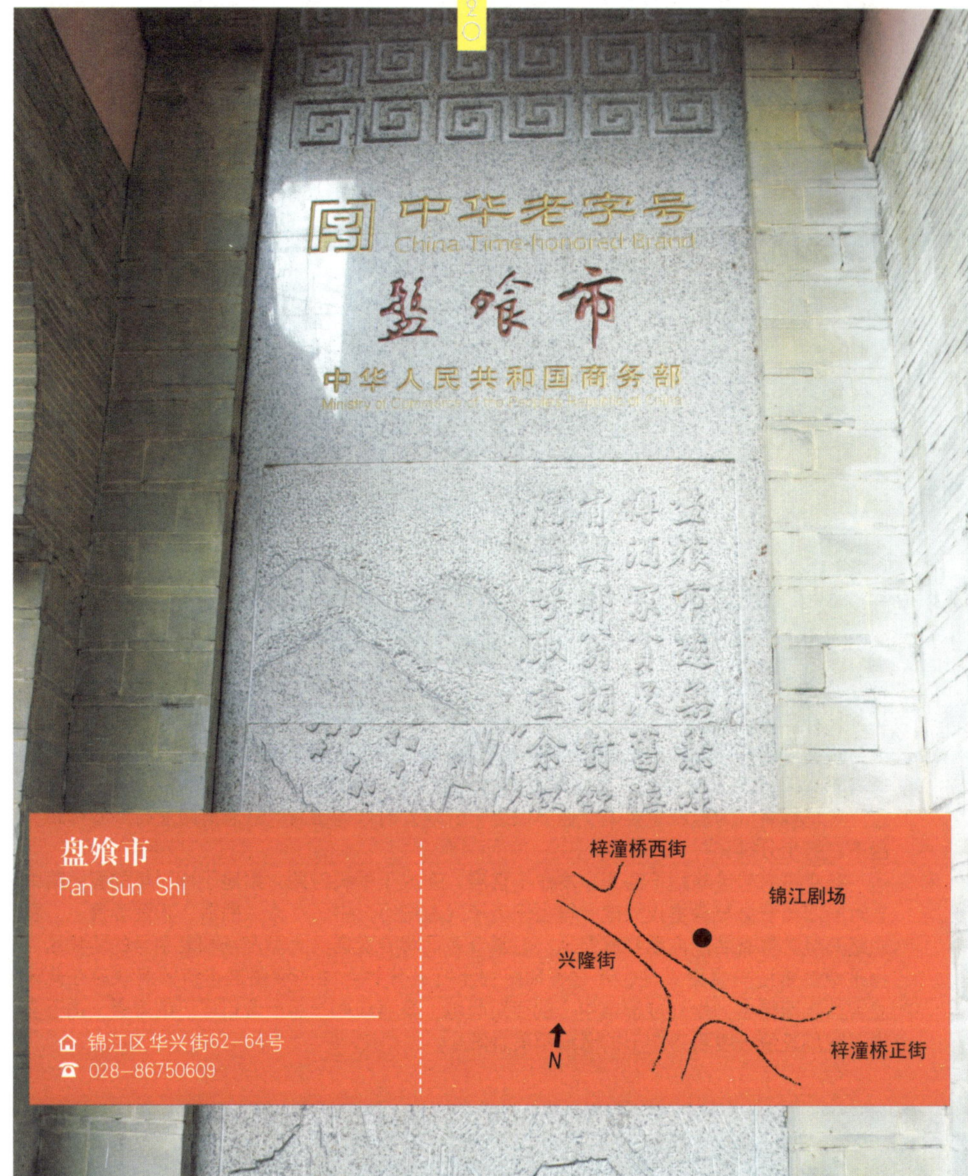

盘飧市

Pan Sun Shi

锦江区华兴街62-64号

028-86750609

盘飧市家的美食档案

成都著名腌卤店，始建于1925年，店名取自杜甫《客至》诗中"盘飧市远无兼味，樽酒家贫只旧醅"。成都人有浓郁的"尚滋味、好辛香"的饮食习俗，正餐之外时常会购买一些小吃或风味食品一享口福。因此，滋味分明的腌卤食品在20世纪30年代成了成都人钟爱的消闲食品，盘飧市的卤货正迎合了这种消费习俗。

该店经营的品种以小货为主：鸡翅、鸡爪、鸭翅、鸭足、鹅掌、鹅翅及鸡、鸭、鹅的胗、肝等。选料精，火候讲究。卤好的小货糯软适口，上柜的时候又趁热刷一道油，色香味明显高于普通的"烧腊摊"，深受食客欢迎。

Mr.Q的美食推荐

卤水拼盘	麻婆豆腐	三鲜汤
芙蓉鸡片	卤肉锅盔	担担面

「成都老字号，卤味一绝，十里飘香，味道很"巴适"。
卤肉锅盔软中略酥，香而不腻。
中餐为传统川菜，分量很足。外卖窗口随时要排队，环境、服务一般。」

龙抄手家的美食档案

“抄手”乃四川人对馄饨的特殊叫法，北方人叫馄饨，广州人叫云吞。龙抄手于1941年开设于成都的悦来场，龙抄手的得名并非老板姓龙，而是创办人张武光与其好友在当时的“浓花茶园”商议开抄手店之事，切磋店名时，借用“浓花茶园的“浓”字，以谐音字“龙”为名号，也寓有龙腾虎跃、吉祥、生意兴隆之意。“龙抄手”于20世纪50年代初迁往新集场，60年代后又迁至春熙路南段，迄今已有60余年的历史了。如今的“龙抄手”已发展成餐饮连锁店，以“抄手”为龙头，配以冷、热菜，将四川的各类名小吃组合起来，以套餐的形式销售，使顾客能同时品味多种风味的小吃。

龙抄手讲究汤清馅细，面皮薄。和面时加入适量鸡蛋使得面皮具韧性、有嚼头。为了使馅心细嫩，采用纯猪肉加水制成水打馅。据四川的特点，配以清汤，红油、海味、炖鸡、酸辣、原汤等多种口味，爽滑鲜香，汤浓色白，为蓉城小吃的佼佼者。

Mr.Q的美食推荐

龙抄手　钟水饺　红油抄手

蛋烘糕　担担面　鸡丝凉面

「老字号的知名小吃店，菜品丰富。」

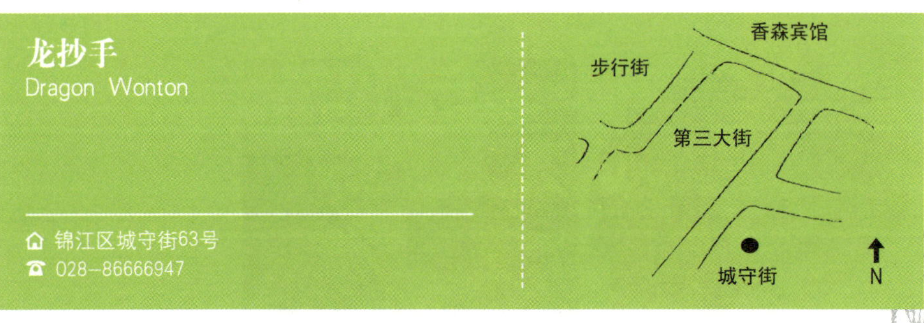

春熙路
改建前的春熙路

夫妻肺片
Beef and Ox Tripe in Chili Sauce

锦江区总府路23号

028-86617171

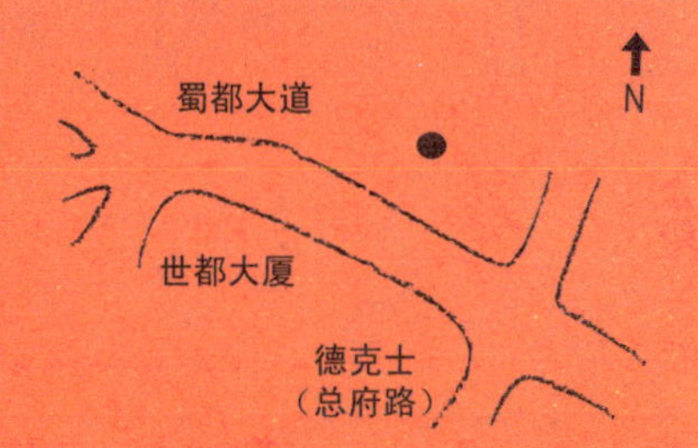

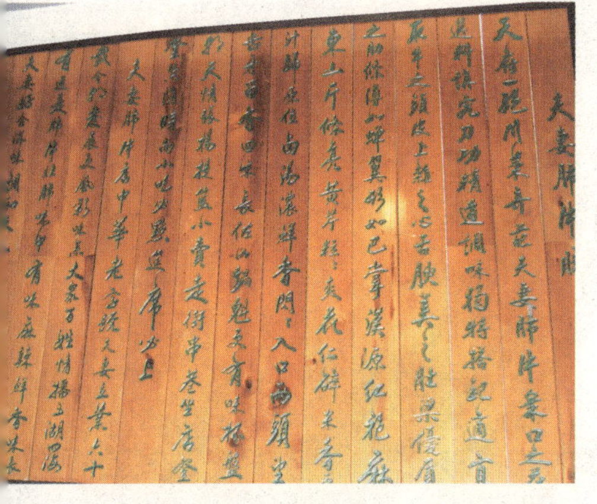

「四川的特色小吃，亮晶晶的红油香喷喷的芝麻，初尝香，再尝辣，回味长。切片很细，刀功了得！」

与其妻一道以制售凉拌“废片”为业

夫妻亲自操作

↘ 夫妻肺片家的美食档案

“肺片”实为牛头皮、牛心、牛舌、牛肚、牛肉等切成的薄片，并不用肺，因其主要材料为动物内脏，最初名为“废片”。相传在20世纪30年代，成都少城附近有一男子名叫郭朝华，与其妻一道以制售凉拌“废片”为业，夫妻亲自操作，走街串巷提篮叫卖。夫妻俩所售的牛肚白嫩如纸，牛舌淡红如桦，牛头皮透明微黄，再配以夫妻两精心搭配的红油、花椒、芝麻、香油、味精、上等的酱油和鲜嫩的芹菜等调料，因此凉拌出来的“废片”成为当时挑担、提篮叫卖的“废片”中最具特色、最受欢迎的一种。

因公私合营，郭氏夫妇并入成都市饮食公司，“废片”易名为“肺片”，为区别于其他肺片，于是注册“夫妻肺片”商标。夫妻肺片片大而薄，粑糯入味，麻辣鲜香，细嫩化渣，深受食客喜爱。

↘ Mr.Q的美食推荐

夫妻肺片

「华兴煎蛋面能吃出家的味道，向外地游子强烈推荐。吃完二两煎蛋面再来一个红糖粽子，保准过瘾!」

华兴街煎蛋面
HuaXing Fried Egg Noodle

锦江区华兴正街4-6号
028-89057070

↘ 煎蛋面家的美食档案

华兴街是成都最有特色的街道之一，得名与清末成都府当局仿效西方变法，取"繁华兴盛"之意，将原皇华馆街改名为华兴街。老成都先有华兴街后有劝业场，再才有闻名遐迩的春熙路。现在的华兴街分东街、正街、上街三段，紧邻春熙路，是成都闹市中的闹市，传统名小吃的发源地。

20世纪初，傅氏家族人以铜锅煮面，"傅家铜锅煎蛋面"成为市场首创。40年代末，傅家人将面铺几经搬迁，最终落户华兴街，华兴煎蛋面由此开始家喻户晓。此面的百年口碑来自于对食材地挑剔和烹调的把握——正宗的中江挂面，鸡蛋、番茄限产地，青菜要挑翘，葱要带葱头；现煮、现炒，单锅烹制使得煎蛋面汤汁充足，香味浓郁。而成都人口口相传的华兴煎蛋面，保留了老成都的风味，投射着城市人对老成都和华兴街百年历史的绵长记忆。

面条有红味与白味两种，热腾腾的细面条，红色的番茄与黄色的煎蛋相互映衬，口感酸、辣、香，一碗家常的面条，做出了浓浓的温馨和家里的味道。店内还兼售粽子、冒菜等家常食品供选用。因煎蛋面名气在外，很多作家、演员均来过此店，也许一碗面的功夫，食客们会偶遇名人哟！

↘ Mr.Q的美食推荐

红油煎蛋面　红糖粽子

伤心凉粉
Blue Bean Jelly

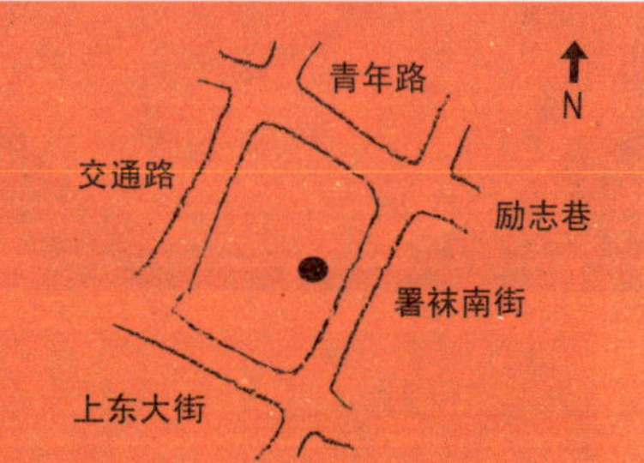

锦江区署袜南街34号
028-86676289

↘ 伤心家的美食档案

“伤心凉粉”发源于龙泉驿区洛带镇的广东会馆。洛带镇聚居着湖广填四川时移民至当地的广东客家人，此小吃的创制，也有弘扬客家文化的意义。该凉粉的创始人、也是客家人的杨先生于2003年第一次打出“伤心凉粉”的招牌就一炮而红。

“伤心”有三层含义：一是客家人离乡背井，游离文化的“伤心”；二是川人喜食麻辣，凉粉里加了特制辣椒，又麻又辣，食客们一边吃一边流泪“伤心”；三则是联想到人生先苦后甜的经历，“伤心过后才能开心”。伤心凉粉以豌豆磨制的凉粉为主料，辅料鲜米椒的香辣中带着一丝甜味，经纯手工加工而成，口感柔软，风味独特。

「吃完香辣的伤心凉粉，再尝一碗店里的开心冰粉，让你的味蕾去充分感受一趟冰火之旅吧!」

↘ Mr.Q的美食推荐

伤心凉粉　开心冰粉

六婆串串香

LiuPo Hotpot

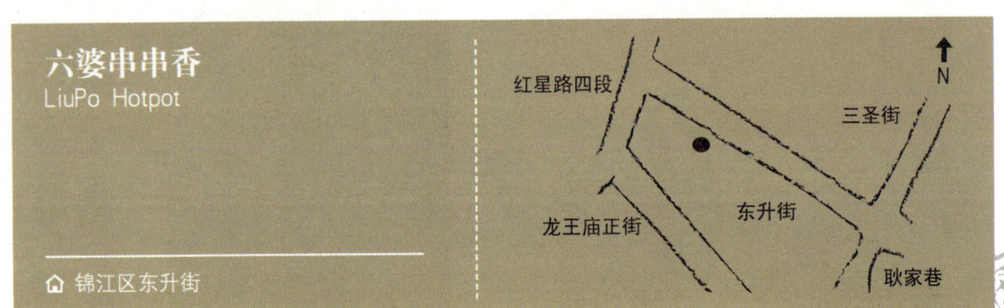

锦江区东升街

六婆家的美食档案

"串串香"又叫"热锅麻辣烫"，这种火锅的简易形式，是草根美食最大众化的体现。麻辣烫已成为四川味道的代表。成都的"串串香"最早出现在20世纪80年代中期，当时重庆火锅刚进入成都餐饮市场不久，一些城镇待业人员为了生计在一些热闹的场所如商场、影剧院等附近摆摊经营"串串香"。以竹签串豆干、黄瓜、肉片等食物在卤锅中烫熟，蘸上麻辣调料，以方便"好吃嘴"们边走边吃。因串串香价格低廉且食用方面，很快在成都市场流行起来。第一家六婆串串香诞生于2005年，以不上火的健康底料闻名并迅速发展为大型连锁餐饮公司。

六婆串串香在承袭麻、辣、鲜、香传统口味的同时，结合中医养生原理，解决了传统火锅易上火、使人肠胃不适等问题，开创出美味健康的底料和特色干碟。并将成都与乐山两地美食精华融汇一身，推出腰片、脆肚、龙须、嫩牛肉等特色菜品，值得一尝。

Mr.Q的美食推荐

腰片　脆肚
龙须　嫩牛肉

「物美价廉，一次性锅底料保证了卫生，底料为六婆公司的自家产品，香辣不上火。」

「每家摊位海鲜类别大致相同，最好能亲自察看下海鲜是否新鲜。」

青石桥海鲜烧烤排挡

QinShi Bridge Seafood BBQ

锦江区青石桥中街北段海鲜市场门口

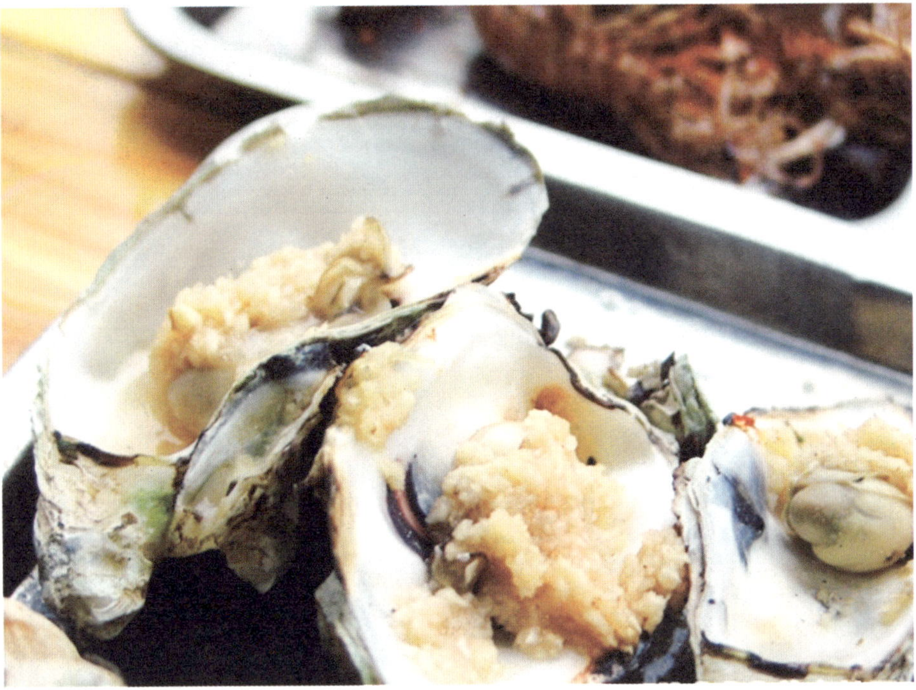

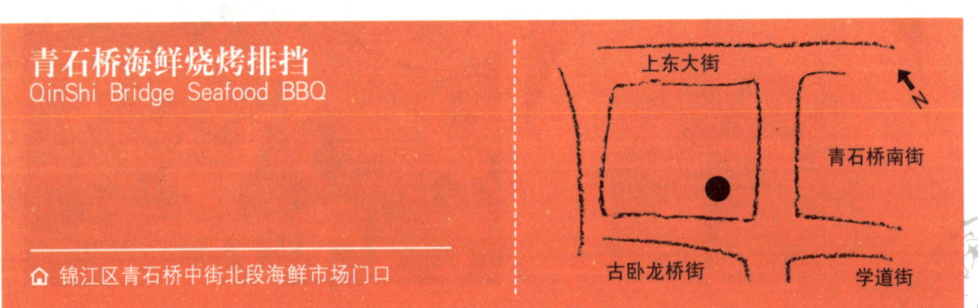

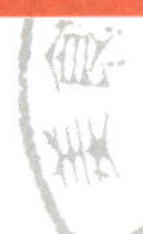

↘ Mr.Q的美食推荐

爬爬虾　烤生蚝
蒸扇贝　烤虾
烤茄子　烤鱿鱼

↘ 青石桥家的美食档案

青石桥是成都有名的海鲜批发市场，每当夜幕降临，白天未售完的海鲜被小贩架到烧烤摊上，这里就成了成都著名的“鬼饮食”集中地。铁蟹、贝壳、花甲、八爪鱼、青口、鲍鱼……“炒、蒸、烤”一起上，老板热情地招呼过往行人。

大排档的环境，麻辣鲜香的口味，满头大汗的食客，布满整条街的烧烤摊位，一幅全国绝无仅有的成都人吃海鲜的独特画面。便宜又优质的青石桥海鲜烧烤也成为饕餮海鲜的代名词。烧烤尤其合适当宵夜吃。扇贝、虾、蟹、生蚝等不少海鲜“现场加工”，现做现吃。青石桥离太平洋电影院近在咫尺，夏天的晚上看完电影出来，一边喝酒一边品尝白灼基围虾和蒜蓉西兰花，晚风习习，十分惬意。

钟水饺家的美食档案

成都钟水饺，中华老字号，以姓名得号，面食为业。该店始创于1893年，因开业之初店址在成都的荔枝巷，故又称“荔枝巷水饺”，20世纪20年代即闻名成都，成为成都著名的地方名小吃。水饺形状如月牙，最著名的品种有红油水饺和清汤水饺两种。红油水饺味微辣、鲜香、咸中带甜，清汤水饺淡而不薄，入口细腻化渣，两者均为面食中的佳品，别有一番风味。1992年，“钟水饺”被成都市人民政府命名为“成都名小吃”，1995年被国内贸易部授予“中华老字号”称号，1999年获“中华名小吃”称号。

水饺是北方人的主食，但在四川被视作小吃。钟水饺是净肉饺子，个头小，十个一两装一小碗。饺皮乃自制，软硬适中。清汤水饺鲜美，红油水饺辛辣。值得一提的是，红油由成都有名的二荆条红辣椒面加菜油炼制。一碗红油水饺除配加红油，还由特制的酱油、芝麻油、蒜泥汁、盐、味精等好多种调料精心调配而成，微甜带咸，风味独特。

Mr.Q的美食推荐

红油水饺　锅盔

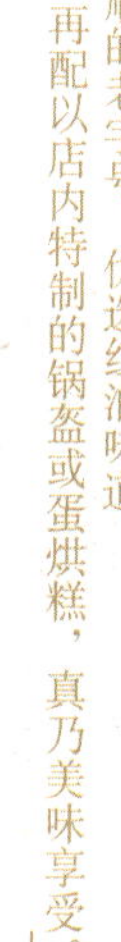
「名正言顺的老字号，优选红油味道，再配以店内特制的锅盔或蛋烘糕，真乃美味享受。」

钟水饺

Zhong Chinese Dumpling

青羊区提督街7号

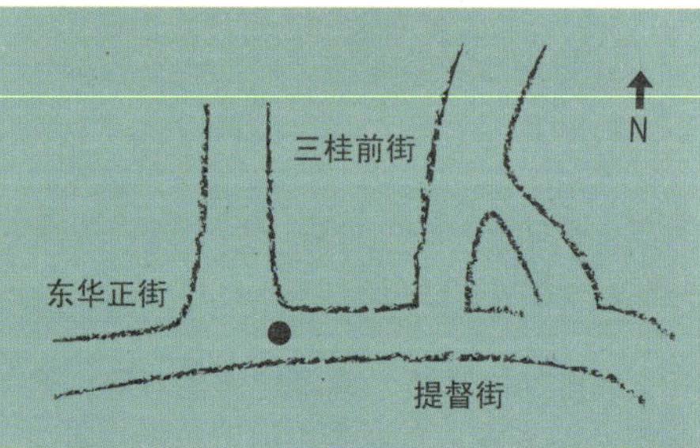

洋百货
太平洋百货
亨得利
2010
秋装登场
AQUOS

白家老瓦房肥肠粉

Bai's Pig Intestine & Bean Jelly

⌂ 锦江区青石桥北街成物大厦底35号

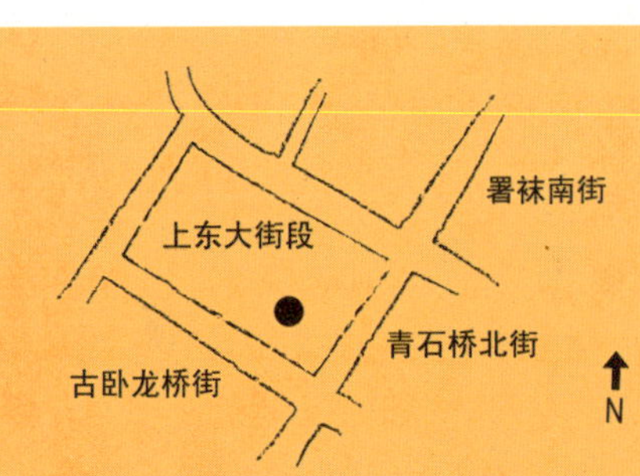

老瓦房家的美食档案

老瓦房肥肠粉来自成都市双流县境内的白家镇，乃白家镇特产，也是成都的著名小吃之一。它起源于清朝末年，至今已有百年历史。白家镇位于成都城南，从成都驱车前往只需半个多小时。小镇很小，只有三条街道，却有十多家白家肥肠粉店。店名大多以老板的姓氏取名，如"徐记白家肥肠粉"、"何记白家肥肠粉"等等，这些小店各有特色，如徐家以"汤鲜"闻名，何家以"粉嫩"著称。近年来，白家粉肠粉从白家镇走到成都走向全国，印有"白家肥肠粉"的方便粉丝甚至将白家的招牌传播到了国外。

Mr.Q的美食推荐

红味肥肠粉　锅盔
酸辣粉

「肥肠很不错，软硬适中，有肥肠之香无肥肠之腥。可以添加的"冒结子"吃了一个还想吃下一个哟。」

老瓦房肥肠粉的特点是：粉丝晶莹剔透，汤碗红白分明，入口麻辣鲜香，口味隽永，享誉八方。肠粉分红味和白味两种，白味可品尝原汁汤料的鲜美，红味的麻辣味道可迅速调动食客的味觉。成品的肥肠粉叫人垂涎三尺：热气腾腾的汤汁漫过通透的粉丝，肥肠若隐若现，绿色的葱花点缀其间，口感鲜、嫩、滑。

崇州余荞面

ChongZhou Buckwheat Noodle

⌂ 锦江区纯阳观街19号

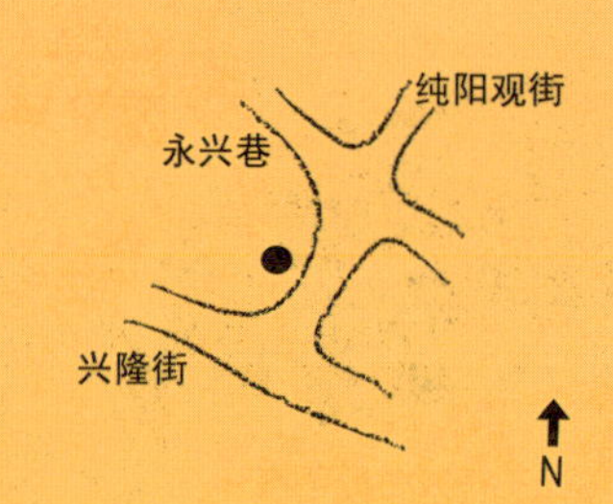

↘ Mr.Q的美食推荐

荞面　　糖油果子

「首推热拌荞面和店内的小吃糖油果子，果子外焦里糯，值得推荐！」

↘ 崇州家的美食档案

余荞面其实就是荞麦做的面。荞麦原产于我国北方地区，古代由中国经朝鲜传入日本，因其含丰富营养和特殊的健康成分，现今在日、韩两国十分流行，被誉为健康食物。由荞麦加工的荞麦面乃无糖食品，物美价廉，更是时下"三高"患者们的美味佳肴。成都的荞面首推崇州余荞面。它是一家有几十年历史的老店，以前面店位于青石桥，后搬到烟袋巷，最终落脚于纯阳观街。该店采用黑荞面粉揉成黄绿的面团，用形似手压泵水杆的压面工具将面团压成面条，现压现煮。其特色是麻辣口感、面条筋斗、荞面香味显著。

崇州余荞面分为红油、清汤、鸳鸯、热拌和凉拌五种口味。红油荞面是麻辣的带汤荞面；清汤荞面配料同红油荞面，不加辣椒，体现荞面本身的味道；鸳鸯荞面是一半荞面一半酸辣粉，口感独特；热拌荞面是刚出锅的热荞面沥去水分，加上臊子和白糖拌成的麻辣味干面；凉拌荞面是将熟荞面晾凉以后拌以香辣调料和臊子，适合在夏天享用。

吴记怪味面

Wu's Special Noodle

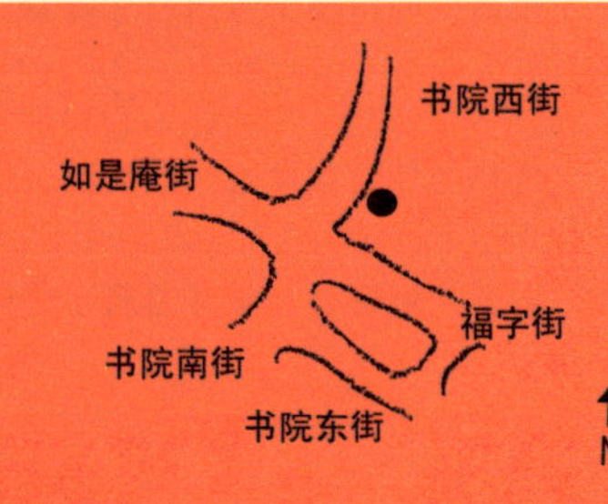

锦江区书院西街24号

028-86755643

「面条表面上的红油已经让人迫不及待想要品尝，味道酸甜辣，别有一番风味。」

↘ Mr.Q的美食推荐

怪味面　牛肉面

↘ 吴记家的美食档案

20世纪90年代中期，在成都东大街口离一环路不远处有一家吴记怪味面。店长是一个20岁出头的小伙子，面的品种不多，分怪味、海味、牛肉多味、碎绍四种，跑堂的将这四种简称为"怪"、"海"、"牛"、"碎"。一两碎绍叫"小碎"，一两牛肉叫"小牛"，一两海味叫"一海"，一两怪味不叫"一怪"叫"幺怪"，和"妖怪"谐音。如果有人要了四两怪味、四两牛肉，跑堂的端面上来的时候就会吆喝道："四个妖怪，四个小牛来咯！"这景象着实有趣。现在，他们家搬了新店址，店长变成了30多岁的中年人，但面条口味不减当年，许多食客到处寻找并跟随至此，可见小店在成都面食界的魅力。

他们家可以说是成都怪味面的鼻祖。除了经典怪味面，还有牛肉面、辣鸡面供应，继承了20年的老口味，是成都小吃的特色味道之一。

签名家的美食档案

因为付款后必须要在墙上签上大名才可以取走你买的糕点，小店因此得名——签名饼屋。他们家店面小巧，装修精致，还有一张小玻璃台给客人用。小店低调，却又出品普通饼店难以买到的地道法式糕点，在成都一片传统小吃的"垄断"轰炸下，签名家的西式点心硬是开拓出一片新天地。

签名饼屋有两大招牌蛋糕：奥普拉和提拉米苏。两样每天限量供应，周末人多的时候下午四五点就售完。奥普拉是招牌产品，其实就是纯正黑巧克力的芝士蛋糕。入口香滑，巧克力味纯正，品质高级，甜度适中不腻口。提拉米苏味道别致。蛋糕有柠檬芝士、抹茶蛋糕等，味道都不错。

Mr.Q的美食推荐

奥普拉	提拉米苏
咖啡慕斯	芝士蛋糕
黑森林	柠檬芝士
肉松面包	

「奥普拉有很多层，口感丰富；
提拉米苏香浓软滑，含一口就溶在舌尖，很赞！」

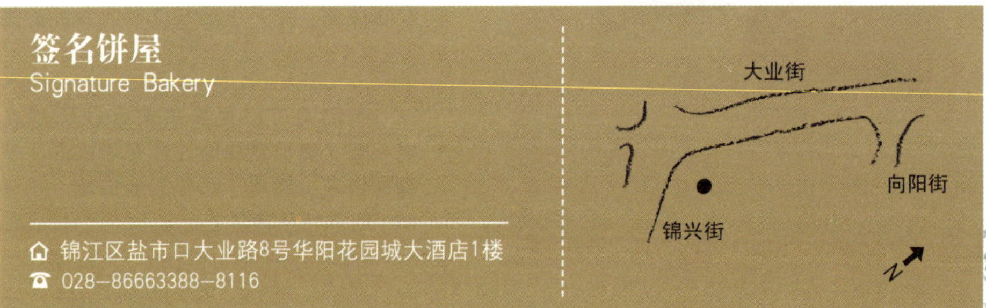

第二节

宽窄巷子—青羊宫—百花潭—杜甫草堂线

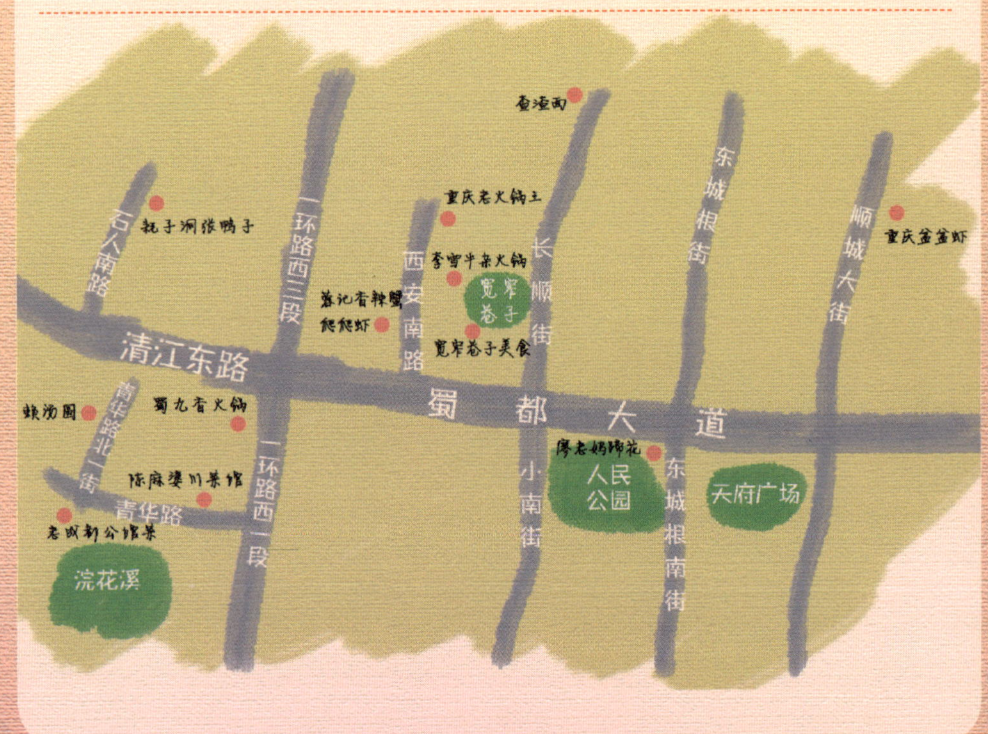

宽窄巷子是老成都“千年少城”城市格局和百年原真建筑格局的最后遗存，也是北方胡同文化和建筑风格在南方的孤本，经保护性改造后于2008年重新开街，成为融合特色餐饮、休闲娱乐的成都市“新客厅”。

宽窄巷子也是成都的美食名片，它的口号是“最成都”。宽巷子、窄巷子和井巷子三条并列的街道构成了宽窄巷子美食地，到这里用膳，充满高雅的情调和氛围。数家中、高档中餐和西餐店散落其间，私房菜的口感，精致的用餐环境，可品尝到正宗的川菜和法式西餐，也可以喝茶听戏，感受成都的”慢生活”。今天，本人就带着大家体验这一线的文化美食吧。

Mr.Q的美食推荐

香油西芹　刺身双拼
干锅牛蛙

花间家的美食档案

进店一股古朴的中式气质扑面而来，规矩的四合院，典型的中式装修：门口弹古筝的女孩笑脸迎客；房间用帷幔装饰，衬托出优雅的古典情调。花间能点餐、喝茶，菜品以川菜为主，制作精美，茶有中、西两种可选。

花间
Hua Jian

青羊区宽窄巷子16号
028-86255700

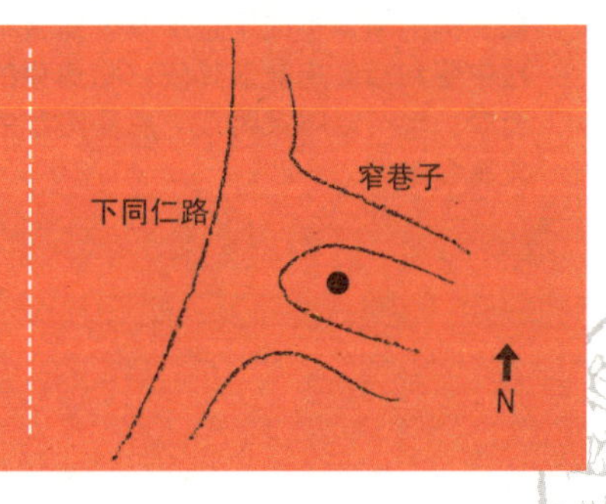

花間

↘ Mr.Q的美食推荐

鱼肉火锅　野菌拼盘　海鲜汤

↘ 宽坐家的美食档案

园中园的庭院，前有庭后有院，装修中西合璧，菜品讲究，可点餐、喝茶、打牌，在园中进餐别有一番书香气质，服务也非常贴心。

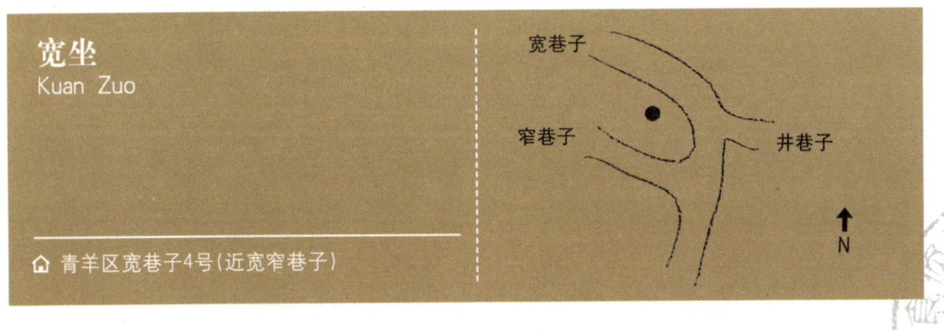

宽 坐

食神鍋奉行

CUISINE MASTER HOT POT

法式西餐厅

Mr.Q的美食推荐

红酒　法式蜗牛　奶油酿鸡脯
蒸鱼　烤土豆

滴意家的美食档案

号称为成都最正宗的法式西餐厅，老板是法国籍华人，厨师是地道法国人。环境优雅，菜品精致。值得一提的是店内的葡萄酒直接从法国酒商处购买，品质纯正。

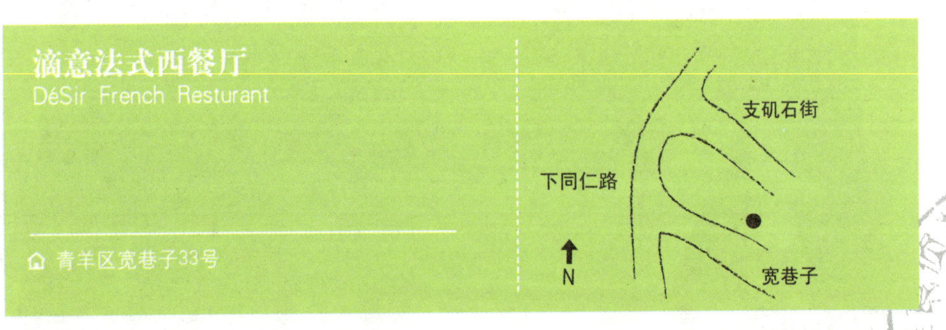

滴意
座谈会议
客户宴请
媒体答谢会
西式婚礼
生日派对
鸡尾酒会
品酒会

瓦尔登咖啡西餐厅

Walden Cafe

⌂ 青羊区宽窄巷子30号（近人民公园）

「很软很大的沙发，透过窗外可以看到高高的树和老式的房屋，环境赞!」

瓦尔登家的美食档案

瓦尔登咖啡是一家源于美国的咖啡文化传播公司。餐厅融合了咖啡、饮水、西餐、书吧和雪茄吧等元素，为几位一体的复合式咖啡厅。店内布置充满情调，菜品讲究色彩和营养的搭配，服务员很专业。该店的金牛区店曾拍摄过电视连续剧《巧克力情人》。环境舒适安静，为宽窄巷子片区价格较低廉的西餐厅。

Mr.Q的美食推荐

蜂蜜柚子茶　意大利面
芝士蛋糕

重庆盆盆虾

Chongqing Lobster

青羊区顺城街三多里巷92号

盆盆虾家的美食档案

提到成都的小吃，不得不说一说盆盆虾。盆盆虾中的虾是龙虾，火锅料底为加冒菜制法，一般分为微辣、中辣和爆辣，不过现在花样越来越多了。盆盆虾并不是成都历史悠久的小吃，它是2002年春节前后才火起来的。第一家开店的盆盆虾叫“重庆盆盆虾”。据开店老板介绍，起名重庆盆盆虾并不是因为它是从重庆传到成都的，而是取义于重庆火锅麻辣火爆的含义。成都现在随处可见盆盆虾的招牌，还有盆盆螺等，都是原“重庆盆盆虾”的跟风者。

滑溜溜的地面，拥挤而局促的餐厅，却总是簇拥着食客焦急等位的场面，可想见食物的味美程度！虾个头小，但口味一绝，大盆里面红灿灿的虾子和辣椒，十分麻辣。除了盆盆虾，店内还经营鱼香的烤鱼、串串、口口脆等食品，味道都不错。

「大盆里面红灿灿的虾子和辣椒，十分麻辣。」

Mr.Q的美食推荐

盆盆虾　口口脆
兔头　香辣蛙・鳝鱼

「人民公园附近的那家是家老字号，味道很不错，蹄花肥而不腻，清汤蹄花里面有大豆，很受欢迎。每份15元，味道很好。这家的豆花也很清香，赞一个。」

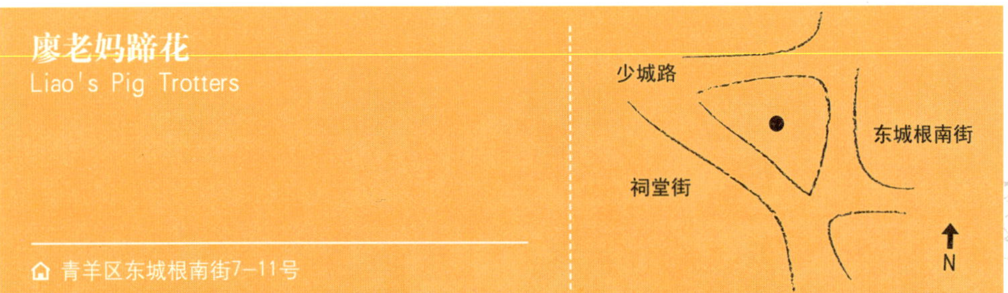

廖老妈蹄花

Liao's Pig Trotters

青羊区东城根南街7–11号

廖老妈家的美食档案

老妈蹄花，成都名小吃。有些地方把蹄花叫作猪手。川人善烹调，称炖得柔嫩的食品为“花”，如豆花、蹄花，另辅以蘸料，即成美味。蹄花曾是家中主妇在艰苦岁月里用以慰藉家人的一道家常菜，风靡川渝两地。炖蹄花极需要功夫。选料首选猪“前手”。第一道水炖，放花椒、八角等若干香料，加盐适量，烧开后放入猪手。待水开二度，加点料酒，等上几分钟，捞起来，用热水再洗一次。在猪手“肤如凝脂”之后，再和雪豆一起放进砂锅里，勾点盐，再煨透。可适当地加点牛奶或花生浆，其色更白。

老妈蹄花由猪蹄和芸豆文火炖制而成，豆汤雪白，猪蹄脱骨，入口即化，甘肥不腻。蹄花酥烂，牙口不好的人都完全不用担心。

Mr.Q的美食推荐

老妈蹄花　兔头

查渣面

ChaZha Noodle

青羊区长顺下街56号

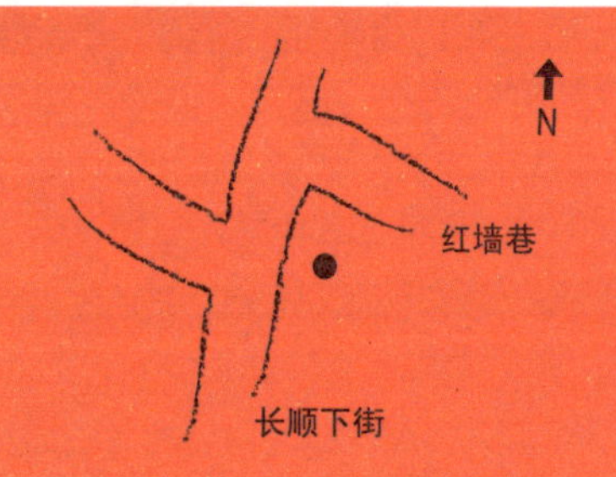

「喜欢查渣面肉碎的风格！调味也很不错！把肉碎挑完再吃面，很香哟。」

查渣面家的美食档案

发源于崇州羊马镇的“查渣面”，在川西坝子可谓家喻户晓。“查渣面”的创始人叫查淑芳，她把没卖完的抄手馅用油炒干，第二天改作面的臊子使用。因为这种臊子炒干后既细又脆且香，形状虽像渣渣，但味道却特别鲜美酥香，顾客都喜欢吃这种“渣渣臊子面”。久而久之，人们干脆就将它称为“渣渣面”了，由于查淑芳姓查，所以叫“查渣面”。

如今，在北京、上海、深圳、武汉、兰州等一些大城市，都有打着“查渣面”招牌的小食店。查渣面的关键辅料，为红油海椒和猪骨汤。面条所以闻名遐迩，不仅仅在于它独特的名称，更在于它独特的色、香、味。

Mr.Q的美食推荐

查渣面

蜀九香火锅酒楼

Shu Hotpot Resturant

青羊区一环路西一段160号
028-87016811

↘ 蜀九香家的美食档案

据说是一家十年排长队的火锅店，也是成都火锅的典型代表。蜀九香从2000年少陵路的家家福火锅起家，经过十年的发展，成为现在的多家连锁店，他们家的口感在成都人心目中有口皆碑。店门口用唐代著名书法家颜真卿和柳公权真迹所集成的"蜀九香"三字灵动洒脱，店面为古色古香的明清木雕，体现了浓郁的巴蜀风情。

在火锅店中价格不算便宜，属于中高档火锅，人均60～70元。不过口味确实"霸道"：整串的青花椒，亮亮的红油。入乡随俗地使用油碟，调入蚝油。香油包裹着香辣火烫的食物，吃一口就放不下筷子啦！

装修古色古香。火锅分为鸳鸯和全辣两种。牛油火锅麻辣鲜香，"井"字形的铜片"分成九格"，既寓意店名，又方便涮取。底料虽麻辣但不燥烈，味浓且甜香。菜品注意细节，干净新鲜。千层肚、鹅肠鲜美，香菜圆子无淀粉味。成都食客之间还有"食在四川，味在蜀九香"的说法。

↘ Mr.Q的美食推荐

九香牛肉　　千层肚
黄喉　　　　肥鹅肠
香菜圆子

赖家的美食档案

成都人都喜欢吃汤圆，赖汤圆乃“中华老字号”，也是当地人最喜爱的名小吃之一。它创始于1894年，距今逾百年历史。赖汤圆的发迹史，蕴含着一个感人的励志故事：年轻的简阳小伙赖源鑫因为父母病逝，跟着堂兄来成都的小吃店当学徒，后因得罪了老板，生活无着落，只能找兄长借了几块大洋挑着担子走街串户卖汤圆。他给自己立下了三条规矩：利润薄、服务好、质量高。他起早贪黑地干活，把汤圆粉磨得比别人都细，汤圆心子比别人都甜，并使他的汤圆煮时不浑汤，吃时不黏牙，终于在成都创立了口碑。经过30多年的努力，他用积蓄在成都最繁华的总府路买下了门面，坐店经营，并逐渐扩大产业。时至今日，经过几代经营者的耕耘与开拓，“赖汤圆”已经发展为集餐饮、食品加工一体化的中型企业，除了汇集四川名小吃的赖汤圆餐厅，还有“赖汤圆酒楼”和生产“赖汤圆”牌汤圆心、汤圆粉的系列食品的加工厂。

Mr.Q的美食推荐

黑芝麻馅	细沙馅
核桃馅	花生馅

该汤圆的特点是香甜滑润，肥而不腻，糯而不粘。选用上等的糯米粉加水揉匀，汤圆皮薄且细腻滋润，汤圆馅有黑芝麻、白芝麻、花生仁、核桃、冰桔、细沙等十多种口味，香甜可口。用料精细，制作讲究，深受大众好评。

赖汤圆在成都家喻户晓，是成都汤圆界的金字招牌！黑芝麻馅儿的赖汤圆是它家的看家汤圆。用筷子夹起来，晃晃悠悠，能感觉到内馅儿往下沉，一口咬下去，香糯甜软，甭提心里的舒服劲儿了。

赖汤圆
Lai's Dumpling

青羊区青华北一街5号
028-87344439

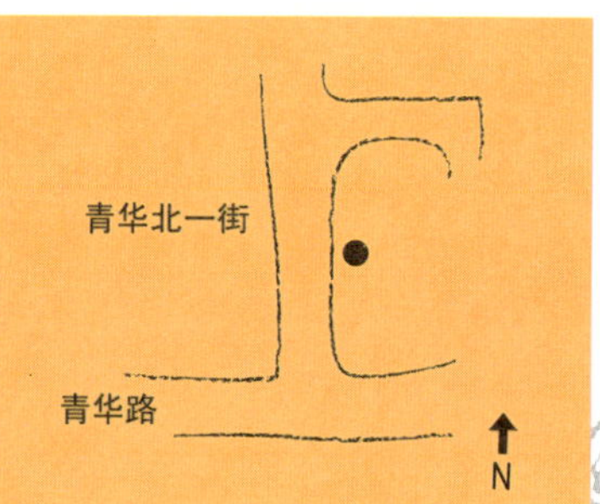

耗子洞张鸭子

Zhang's Duck

青羊区石人南路41号

☎ 028-87333656

↘ 耗子洞张家的美食档案

成都老字号，耗子洞张鸭子创始于20世纪30年代，至今已有近80年历史。创办人叫张国良，他从1928年起随父亲在提督东街和署袜街交口处摆摊卖烧鸭子、牛肉肺片。至于为啥叫耗子洞，因此处地形外面是茶馆，里面是酒店和旅馆，巷子深、进口小，当地街坊俗称为"耗子洞"。张国良坚持选用大、肥、嫩的鸭、鹅现杀现用，配料挑选精细，加工制作用心，而且坚持不卖陈货。由于味道好，货新鲜，"耗子洞张鸭子"很快出了名，随之发展为春天卖烧鹅，夏、秋天卖烧鸭、烟熏兔，冬天卖腌肉、香肠、猪头、拌兔肉的经营方式。时至今日，该店增加了樟茶鸭、油淋鸭、京酱元宝鸡、缠丝兔等新品种，关于店内的看家菜品——樟茶鸭，还有一段有趣的外交史话。1954年，四川厨师范俊康随周总理赴日内瓦，周总理用"樟茶鸭"宴客，知名艺人卓别林吃后，说："这是世界难得的美味啊"。吃完后卓别林还要周总理同意他带一只回家与家人共享。许多外宾吃了"樟茶鸭"后，全称赞不已，甚至认为四川的"樟茶鸭"比"北京烤鸭"更胜一筹。如今，该店铺已发展为拥有现代化加工厂和多个分店的连锁企业。

成都人吃鸭子，就像北京人最认全聚德一样，只认耗子洞的张鸭子。张鸭子是一家川式鸭子专营店，老字号，鸭子经过腌、蒸、炸、卤等多种工序制作而成，制作到位，口味及香味俱佳。它家的拳头产品樟茶鸭子、烧鹅、烧鸭、烟熏鸭等深得食客好评。

大众消费，人均30元。有关鸭子的菜品当然是主打，有鸭香无鸭骚，樟茶鸭为每桌都必点的名菜，鸭子个头小，红里透亮，又肥又油，口感却不腻，鸭肉很细很鲜，吃起来外酥里嫩。

↘ Mr.Q的美食推荐

樟茶鸭　　烧鹅
红油鸡杂

老成都公馆菜
Old ChengDu Home Resturant

青羊区青华路41号草堂寺北大门侧

87320016

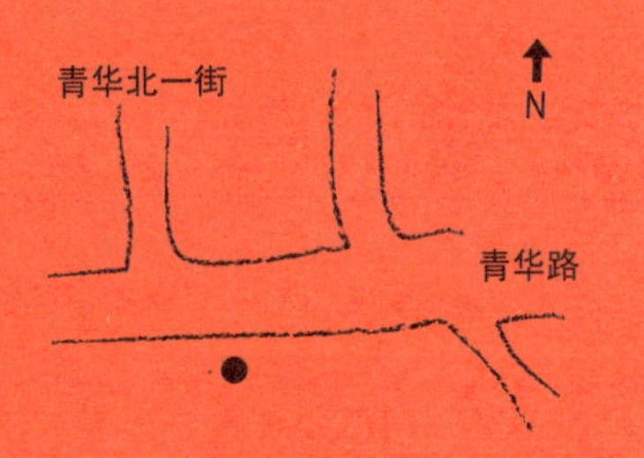

老成都家的美食档案

公馆有多种释义，最常用于诸侯的离宫别馆或宫室，古时公家所建造的馆舍，也指大官或富家的住所。20世纪40年代是四川的第三次移民高潮，老成都少城一带的公馆，发展到了历史上的鼎盛时期。“四大菜系”的名厨聘于公馆主人，在川菜原有基础上吸收了公馆主人的创意，对菜肴反复研究打磨，务求制作出他人不能烹调的独家风味，有些经典之作，使得公馆内的某些菜品精美绝伦、堪称绝唱。这些特色珍品，在改革开放以前几近消失。1995年，黎华白教授首先提出弘扬川菜文化，发掘老成都公馆内的川菜珍品，开创了首家老成都公馆菜馆。

公馆菜注重文化内涵和历史定位，强调文化是餐饮之魂，以四川近代史和近代史上的风云人物为菜品文化构架，如刘湘、刘文辉、邓锡侯等川军将领，巴蜀怪杰刘师亮，著名作家李吉人等。菜品不仅大都具有各自特殊的历史文化特色，还融入了浓郁的四川历史和地域风貌。

餐厅装饰很有老成都味道，颜色使用朱、金、红，闪闪发亮。几乎每样菜都有来历。醪糟红烧肉的味道非常了得，酥烂香甜，黄瓜里脊与众不同。有趣的是，服务员每上一款菜都会详细介绍菜名的由来、制作材料和工艺特点。边吃边听故事，不亦乐乎！

作为成都市著名的餐饮企业，公馆菜追求口感、讲求滋补、技艺复杂、集粹川粤京苏菜系于一体，进餐环境古朴典雅、颇具川西园林风格，服务细致优良。从日本政界名流二阶堂到世界著名建筑大师贝聿铭之子贝氏兄弟，从国内专家学者到影视明星均曾到公馆菜用膳，并对菜品赞不绝口。公馆菜蜚声中外。

Mr.Q的美食推荐

醪糟红烧肉　钵钵鸡
茶树菇　清蒸狮子头

「麻婆陈氏尚传名，豆腐烘来味最精，万福桥边帘影动，合沽春酒醉先生。」

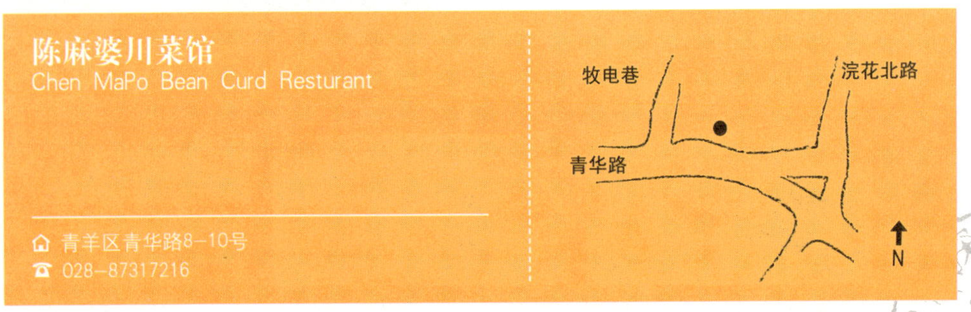

陈麻婆川菜馆

Chen MaPo Bean Curd Resturant

青羊区青华路8-10号

028-87317216

陈麻婆川菜馆的美食档案

陈麻婆豆腐是由国家命名的一家"中华老字号"老牌名店。1862年（清朝同治初年）开业于成都北郊的万福桥。原名陈兴盛饭铺，主厨为陈春富之妻。因其面部有麻斑，被人戏称为"陈麻婆"。当年的万福桥是一道横跨府河的木桥，桥上常有贩夫走卒、推车抬轿之人在此歇脚光顾。他们经常买点豆腐、牛肉，再从油篓子里舀些菜油要求老板娘代为加工。以此制作的豆腐很受力夫的欢迎，经过力夫们走南闯北，宣传陈麻婆做的豆腐，麻婆豆腐很快便出了名。日子一长，陈氏对烹制豆腐有了一套独特的烹饪技巧，牛肉粒酥香，豆腐麻、辣、香、酥、嫩、烫、形整，极富川味特色，她独创的美味豆腐被冠名为"陈麻婆豆腐"，后来小铺子干脆改名为"陈麻婆豆腐店"。因其烹制豆腐的绝技，饭馆从此食客盈门，有诗为证：麻婆陈氏尚传名，豆腐烘来味最精，万福桥边帘影动，合沽春酒醉先生。据《成都通览》记载，陈麻婆豆腐在清朝末年便被列为成都著名食品。由于其历代传人的不断努力，陈麻婆川菜馆虽距今一百多年，依然长盛不衰，并扬名海内外，深得国内外美食者好评。

陈麻婆川菜馆为陈麻婆豆腐餐饮公司在浣花风景区投资新建的陈麻婆豆腐形象店。这家餐厅地处成都的浣花风景区，紧邻送仙桥和杜甫草堂，店堂装饰古朴典雅，使传统的川菜文化与人文、自然景观交相辉映，融为一体。

金牌菜麻婆豆腐是必点的当家菜，豆腐嫩、用料足。除此之外，宫保鸡丁非常好吃，糖醋味道与辣味混合的宫保鸡丁，鸡肉非常嫩滑，是至今为止吃到的最让人满意的做法！

Mr.Q的美食推荐

麻婆豆腐　　宫保鸡丁
麻酱凤尾菜

李雪火锅

LiXue Hotpot

⌂ 青羊区同仁路宽巷子路口对面

↘ 李雪家的美食档案

店址位于著名旅游景点宽巷子尽头，是一家从路边小店起家的特色火锅店。2002年创办的李雪牛杂火锅原为一家简陋的小店，常可看见开宝马车和骑自行车的食客都聚集在此，露天而坐。该店以牛杂为特色，牛杂、牛筋、牛脊髓等特色菜品和麻辣香的火锅底料，获得了食客的如潮好评，甚至发生过食客为抢座位而争执的事件。店主在店外打出了巨幅横幅：为了友谊请排队。经过市场不到十年的检验，李雪牛杂不但赢得了卧虎藏龙的成都火锅市场的认可，还开出了六家分店。

↘ Mr.Q的美食推荐

千丝牛杂　牛杂
牛脊髓　　嫩牛肉
虾饺

「据说这是成都好吃嘴们捧红的火锅店。牛杂确实精道又好吃，千丝牛杂要多涮一会才能吃，红油锅底越吃越麻辣。」

宽巷子店位于景点核心区，店内装修古朴典雅，能一边吃火锅一边欣赏宽巷子的风景。味道别具一格，价格大众，性价比高。

蓉记香辣蟹爬爬虾
Rong's Seafood Resturant
金牛区西安中路40号豪瑞大厦1楼
028-66992320
三友路
平安正街
N

↘ 蓉记家的美食档案

香辣蟹属川菜菜系，是用肉蟹辅以葱、姜、花椒、干辣椒等制成的佳肴。本菜香、辣、鲜、脆，味道鲜美、营养丰富。20世纪90年代中后期，海鲜大规模进入成都。1998年，“老石人家辣螃蟹”在新华公园后门开业。其招牌菜“辣螃蟹”，用辣椒爆炒螃蟹，既有海鲜的鲜香，又不失去川菜的劲爆，彻底颠覆了海鲜菜品清蒸炖煮的固有模式。一时间，吃“辣螃蟹”成为成都好吃嘴最大的享受。经过市场兴衰，至今保留的香辣蟹公司还剩下蓉记、锦记等几家店。蓉记香辣蟹从2000年发展至今，以川味海鲜及风味川菜为主，经过为期十年的摸索与发展，成为了中国香辣蟹的领头羊。

蓉记爬爬虾吃起来既有干辣香，又保持了新鲜虾的鲜嫩肉质。跟本土虾不同，爬爬虾来自深海区域，皮薄身子长，不论何时都呈乳白色。香辣蟹肉质丝短纤细，而蟹腿肉则丝长细嫩，不仅改为大火炒制，更是在调料上做尽了文章，使用了几十种调料。

川菜馆子出品的爬爬虾，皮酥脆，肉嫩滑；而香辣蟹则麻辣鲜香，虽然分量有点少，但食材新鲜，味道的确巴适。装修也简洁干净舒服，上菜挺快。

↘ Mr.Q的美食推荐

爬爬虾　香辣蟹　米汤粑粑菜
芋儿白菜　干锅鸭唇　双椒美蛙

「一时间，吃“辣螃蟹”成为成都好吃嘴最大的享受。」

重庆老火锅王
ChongQing Hotpot King

金牛区西安北路89-1号

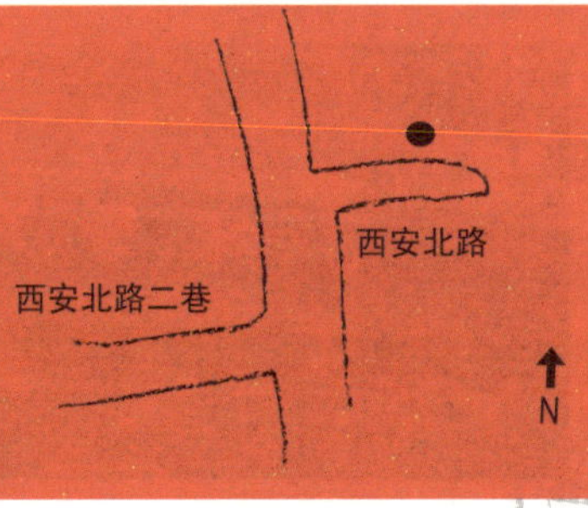

↘ 重庆老火锅家的美食档案

这是一家传说要排队两个小时的火锅店。店内设施简陋，但重庆的麻辣味道非常正宗。开店至今生意极其兴隆，一般来说，每天晚上晚于六点到店即需要排队，店家还不接受电话预定。因为饥肠辘辘的排队食客太多，等位的时间很长，店门口售卖麻糖、凉糕和擦皮鞋的小贩也依靠该店生意兴隆。最经典的是因为店主不愁客源，经常劝排号到几十号后的客人"下次再来"。

典型的重庆火锅，红锅里面安放有九宫格，即把锅底分为了九个格子，便于烫菜时菜品间不互相干扰。菜品新鲜，口感醇厚。

暗藏于成都的重庆火锅。环境嘈杂，人丁兴旺。一定要六点之前到店，否则需要排队。牛油味厚重，辣得酣畅淋漓，吃起来相当过瘾。

↘ Mr.Q的美食推荐

鸭肠　毛肚　鳝鱼
牛肉　午餐肉　鹅肠

第三节

武侯祠—锦里线

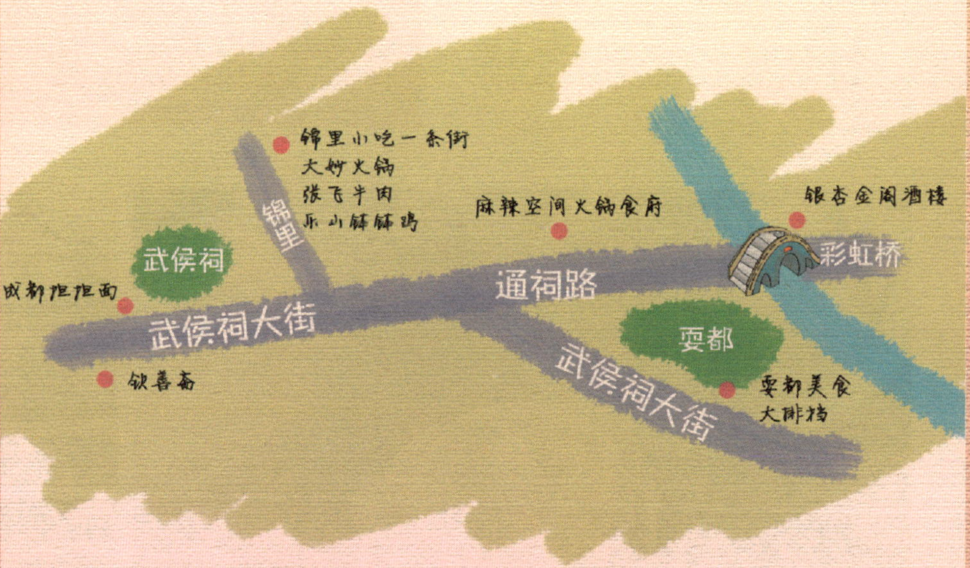

锦里小吃一条街
大妙火锅
张飞牛肉
乐山钵钵鸡
锦里
武侯祠
成都担担面
武侯祠大街
钦善斋
麻辣空间火锅食府
通祠路
银杏金阁酒楼
彩虹桥
耍都
武侯祠大街
耍都美食
大排档

武侯祠是国内纪念蜀汉丞相诸葛亮的主要名胜古迹，位于成都市武侯祠大街，是中国唯一的君臣合祀祠庙，由刘备、诸葛亮蜀汉君臣合祀祠及惠陵组成。武侯祠分为文物区（三国历史遗迹区）、园林区（三国文化体验区）和锦里（锦里民俗区）三部分。锦里古街曾是西蜀历史上最古老、最具有商业气息的街道之一，早在秦汉、三国时期便闻名全国。今天的锦里依托武侯祠景点，以清末民初的仿古建筑群和川西民俗作内容，将成都生活的精华浓缩于此。茶楼、客栈、酒吧、戏台、风味小吃、工艺品、土特产等齐聚一堂，充分展现了三国文化和四川民风民俗的独特魅力，被称为“西蜀第一街”。

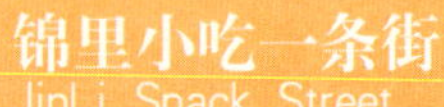

锦里小吃一条街

JinLi Snack Street

⌂ 武侯区武侯祠锦里休闲街

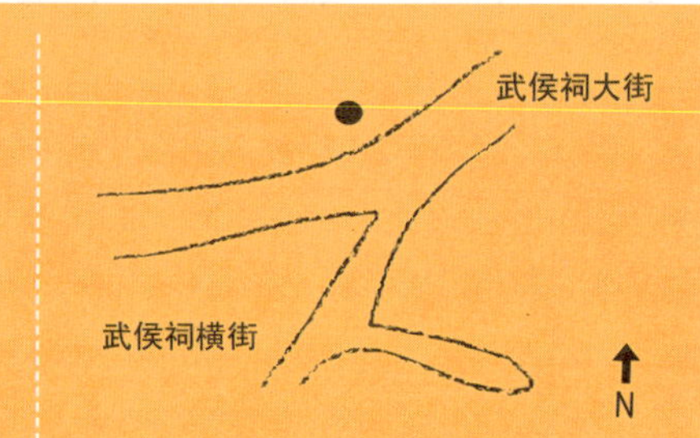

↘ 锦里小吃家的美食档案

古时的“锦里”即锦官城，出自晋常璩的《华阳国志·蜀志》：“州夺郡文学为州学，郡更于夷里桥南岸道东边起起文学……故命曰锦里也。”从此以后，锦里成为成都的代称。现代的锦里为成都标志性景点，它指的是武侯祠东侧的老街，全长350米，为四川古镇的建筑风格，由于武侯祠博物馆恢复修建，经过重新翻修，于2004年底正式开街，现为成都市著名步行商业街。锦里小吃一条街位于锦里休闲街，是游客能在最短时间内品尝到四川风味小吃大全的有名“好吃街”。

锦里休闲街被誉为“成都版清明上河图”。锦里小吃街的小吃充满平民化的草根色彩，沿街小店售卖张飞牛肉、三大炮、肥肠粉、钵钵鸡、蒸蒸糕等四川特色小吃，川茶、川菜、川酒、川戏和蜀锦等古蜀文化的小店鳞次栉比，担担面的小巧、谭豆花的娇嫩、鸡汁锅贴的香味……能让游客在原滋原味的川西文化中品尝到四川美食香、糯、麻、辣的特色。

进入锦里小吃一条街不要门票，这里为成都小吃的集中地，价格比外面略贵，人均10～20元。小吃味道比较纯正，店家提供的座位永远挤满食客，吃东西需要占座哟。尤其推荐三大炮、叶儿粑、钵钵鸡，好吃又“巴适”！

↘ Mr.Q的美食推荐

牛肉饼　三大炮
叶儿粑　钵钵鸡

传统小吃一条街

银杏金阁酒楼
Ginkgo Loft Resturant

青羊区锦里中路2号(彩虹桥路口)

028-86666688

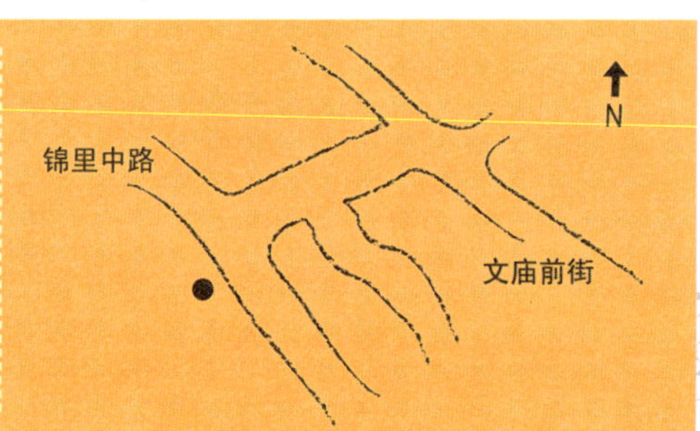

↘银杏金阁酒楼的美食档案

提到成都的高端酒楼，不得不提在当地人心目中大名鼎鼎的银杏酒楼。它从1992年的一家粤菜酒楼起家，经过近20年的发展，到现今的银杏金阁、新川菜酒楼、银杏南亭等多家高档酒楼，还成立了银杏国际饭店管理学院。银杏金阁的菜品以粤菜为主，并设有宵夜、新派日本料理、川菜、上海菜、西餐，周末及节假日设有早茶。银杏的顾客有本地名流，还经常接待外地来成都的政府官员、商界人士、演艺明星等。2009年4月，“银杏”商标被国家工商总局商标局评为“全国驰名商标”。

该店1992年1月28日开业，2007年5月迁至现址，是银杏的第一家酒楼。金阁的装修秉承了一贯的高标准，包间内有独立的配菜间。男女服务生训练有素，礼貌周到。菜品川、粤、日、西餐都有。每天下午三点以后还有日本餐供应直到次日凌晨三点。经过多年的持之以恒，老店以特有的人气、精致的出品、完美的服务创立了“银杏”卓越的品牌。

这家店是成都人俗称的“老银杏”，来成都一趟，应感受一下本土高档餐厅。果然是低调奢华的店呀，日本菜的师傅据说是专程从日本请来的地道日本人，菜品精致、口感不错！

「尤其强调，这里喝茶便宜哟，起价5元！」

↘Mr.Q的美食推荐

虾饺　虾饺皇　凤爪
皮蛋瘦肉粥　糯米鸡　芒果班戟

大妙火锅
DaMiao Hotpot

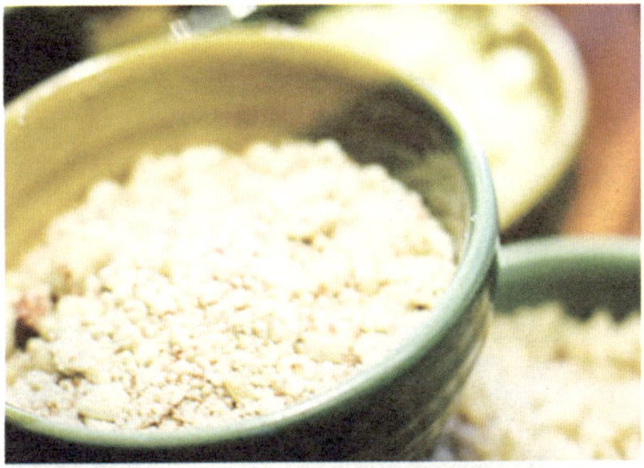

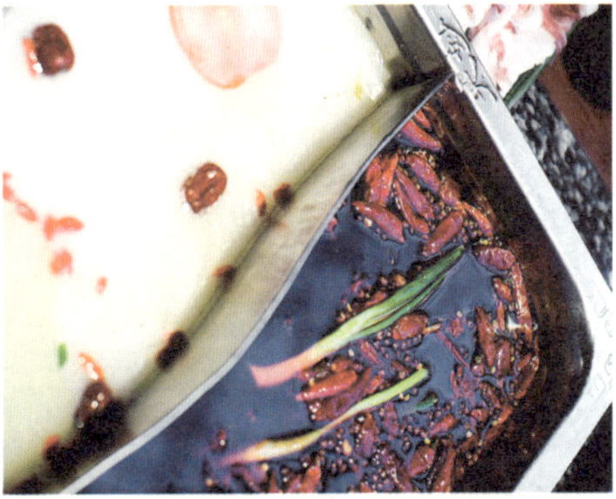

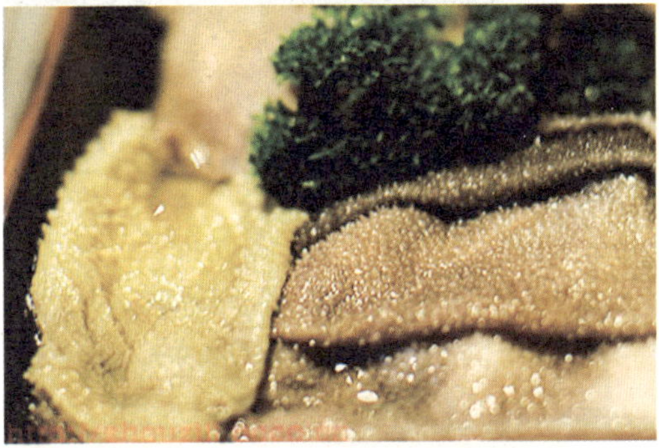

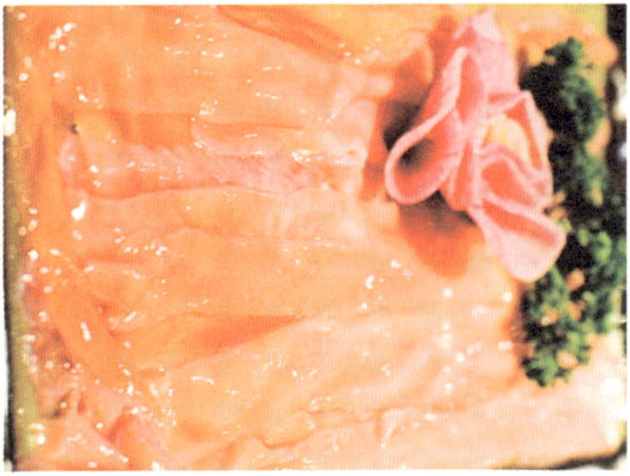

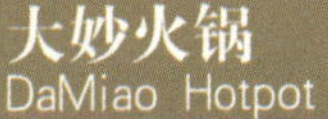

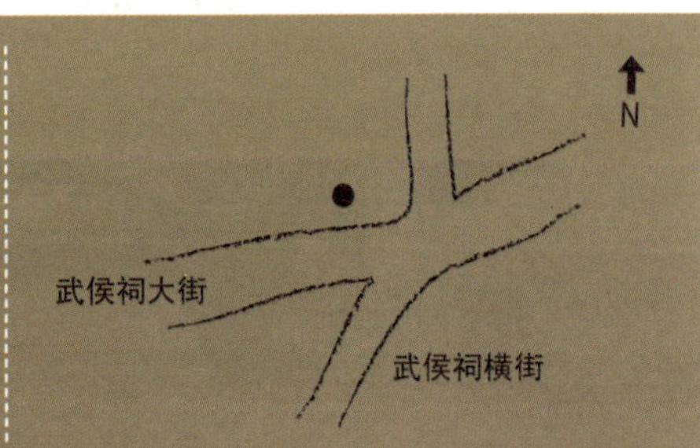

⌂ 武侯区武侯祠大街231号锦里二期2、3号院

☎ 028-85591111

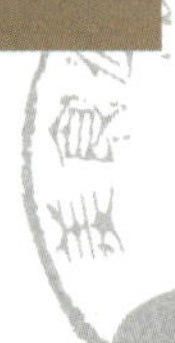

↘ 大妙家的美食档案

大妙火锅店为成都高端火锅的代表之一。店名出自晚唐诗人司空图在《二十四诗品》的第二十首《形容》说，“俱似大道，妙契同尘。离形得似，庶几斯人。”他们家一改火锅店人头攒动、人声鼎沸的就餐环境，店内环境幽静，装修雅致，通过店内的落地大窗能看到竹影婆娑。他们家的木椅方桌有茶馆的味道。火锅底料完全由店家师傅自己炒料，用完即弃，火锅浓汤亮色、香辣可口，菜品新鲜。

大妙火锅采取电磁炉控温，锅边不烫，屋顶有架横梁式的抽油烟机，透气性好，油烟味不重，设施人性化。口味分红味、百味和鸳鸯。菜品中草原毛肚久烫不硬、入口爽脆；牛肝不腥不骚、滑嫩入口；鸭肠色泽粉红、闻之无膻……大多数菜品都精巧别致，值得一品。

环境超赞！用优雅化解火锅的辛辣，装修和菜品都颇有特色。不过价格就不亲民咯，中高端消费，人均百元左右，适合小资一族来此品尝。

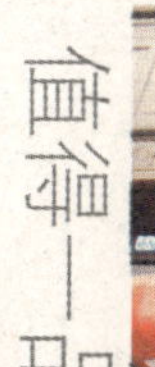

↘ Mr.Q的美食推荐

水晶牛肉　草原毛肚　鸭肠
鹅肠　鲜腐皮

成都担担面

ChengDu Flavor Noodle

⌂ 武侯区武侯祠大街242-5号

☎ 028-85541099

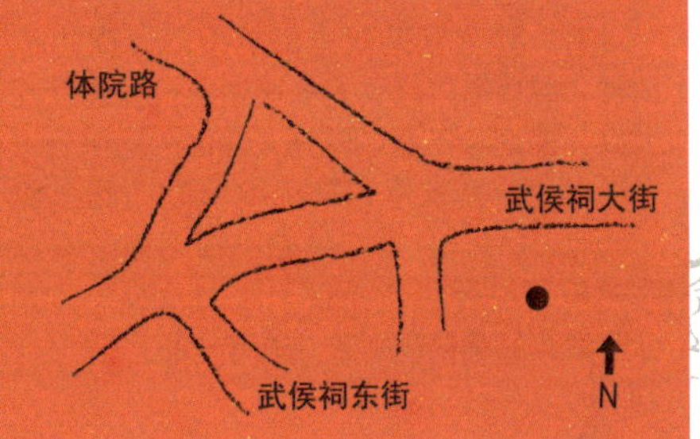

担担面家的美食档案

担担面是著名的成都小吃，是用面粉擀制成面条，煮熟，舀上炒制的猪肉末而成。面条细薄，卤汁酥香，咸鲜微辣，香气扑鼻，十分入味。担担面的起源说法不一，但相传担担面由自贡市一个姓陈的师傅于1841年始创。因最初挑着担子沿街叫卖，得名担担面。过去成都走街串巷的担担面，用一铜锅隔两格，一格煮面，一格炖蹄膀。现在的担担面已改为店铺经营，但依旧保持原有特色，尤以成都的担担面特色最浓。

成都担担面乃中国四大名面之一。由细面条烹制，配加猪肉末、宜宾芽菜，再用辣椒油、芝麻酱、姜末，蒜粒、葱花入料，一小碗的担担面，吃罢定会赞不绝口。店内可单点也可选套餐，还有凉粉、水饺等四川小吃可选择。

虽然成都担担面的分店开到了全国各地，但这一家店的味道绝对最正宗！因为紧靠武侯祠，所以据说这里一年四季人气很旺，逛武侯祠的朋友们不妨一试。

Mr.Q的美食推荐

素椒担担面　　红油抄手

张飞牛肉

ZhangFei Beef

武侯区锦里37号

↘ 张飞家的美食档案

张飞牛肉表面为棕红色，切开后肉质纹丝紧密，不干、不燥、不软、不硬，咸淡适口，可配餐或佐酒。张飞牛肉产地为四川阆中市，为当地特产。关于张飞牛肉，还有个有趣的典故。相传，刘、关、张三人在桃园结拜兄弟时曾大摆酒席，为有可口的下酒菜，张飞把他多年制作牛肉的方法道出让厨师制作。宴席开始后，三弟兄吃罢牛肉赞不绝口，高呼："张飞牛肉好吃！"

不过该品牌的实际来源得名于一位阆中县牛羊肉加工厂的王师傅。阆中当地人在逢年过节时有腌制牛肉的习俗，为防止腐烂，人们在牛肉表面涂抹锅烟灰防腐。这种腌牛肉被人们称为"保宁干牛肉"或者"风干牛肉"，20世纪80年代，王师傅为推广厂内的腌制牛肉，想出了张飞牛肉这个名字。

张飞牛肉有不同的口味：川辣手撕，五香手撕，原味牛肉，麻辣牛肉……每种口味都与众不同。游客们在武侯祠观张飞塑像时，可一边品尝张飞牛肉，一边感怀三国故人。

张飞牛肉是游客来成都之必买特产。这一家张飞牛肉店有真人扮成张飞的样子招徕顾客，颇为生动。张飞牛肉的肉质不错，牛肉味道十足。

↘ Mr.Q的美食推荐

五香牛肉　什锦牛肉　泡椒牛肉

耍都美食大排档

ShuaDu Snack

⌂ 武侯区武侯祠大街19号春江花月夜雪花啤酒广场

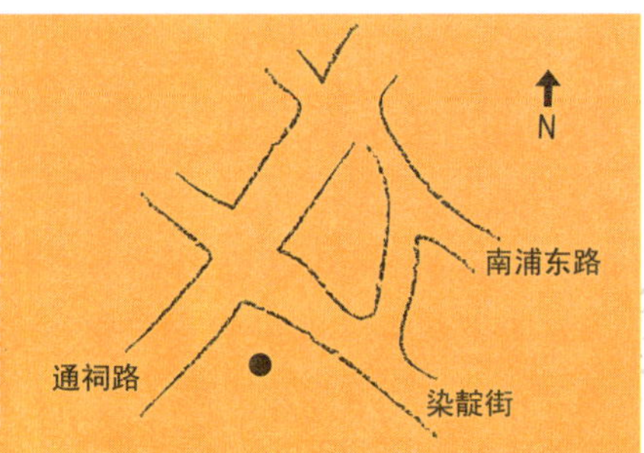

↘ 耍都美食家的美食档案

耍都是成都本地人相当青睐的地方，全名叫“耍都文化广场”，“耍”在四川方言里特指“玩”的意思。耍都毗邻武侯祠博物馆和锦里，位于成都万里桥之西、彩虹桥之南、府南河之滨，是一个四面临街、三层楼高的古文化商业街区。

这个文化广场在爱吃、爱玩、爱扎堆儿聚会的朋友中间很有名气，一个“耍”字道出了成都人那种从容自在的生活方式。耍都共分三条街：美食主题街、临河观景街和酒吧主题街，街区内设置中、英、日、韩四语标示牌和路牌。来到耍都的游客穿梭其间，品美食、泡酒吧、拍照片，流连忘返。耍都美食大排档位于耍都美食街，菜品琳琅满目，可以尝到很多成都地道的小吃。

耍都广场正中间搭了一个图腾戏台，游客们可以边在露天排档吃串串香和烧烤等小吃，边观赏表演，“耍”得高兴的游客甚至可以登台表演。味道很“成都”，感觉也很“成都”！

耍都美食大排档集中在夜晚经营，生意十分兴隆，菜品十分丰富，如：冷淡杯、老妈兔头、川北凉粉、钵钵鸡、折耳根、香辣蟹干锅、钵钵鸡、海鲜烧烤……几乎囊括了所有的成都特色美食。舌尖诱惑、骨汤王、农夫烤鱼等为最有名的美食。

↘ Mr.Q的美食推荐

串串香　　老麻抄手
麻辣兔丁　各种冒菜
舌尖诱惑　骨汤王
农夫烤鱼

乐山钵钵鸡
LeShan BoBo Chicken

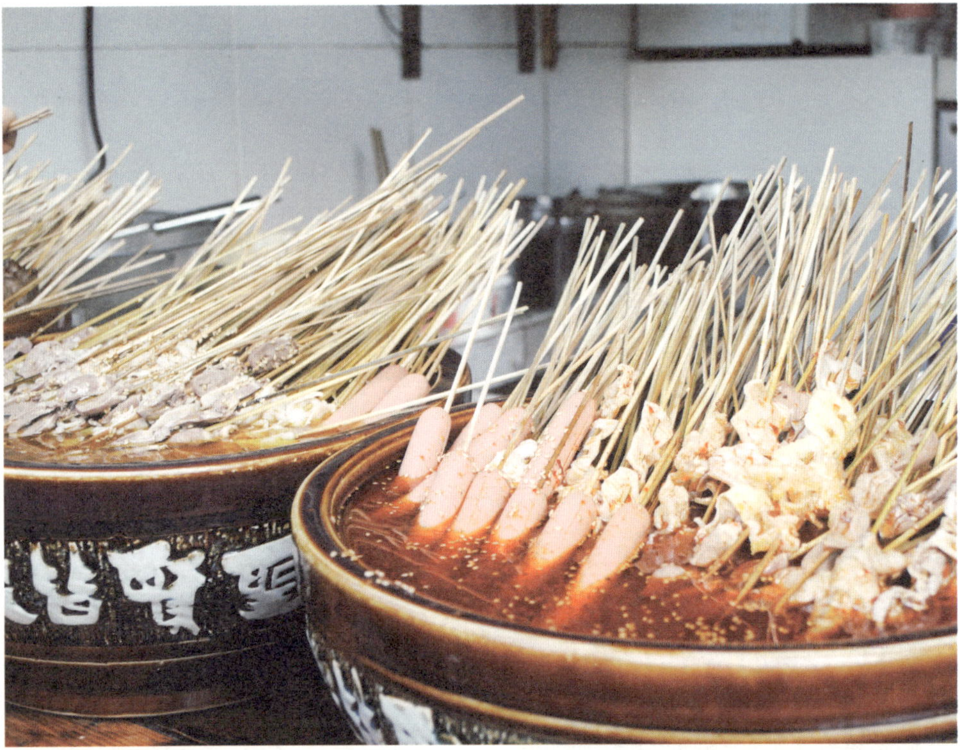

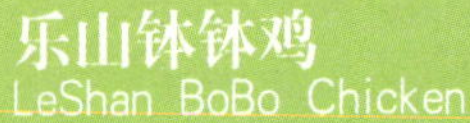

武侯区锦里休闲街

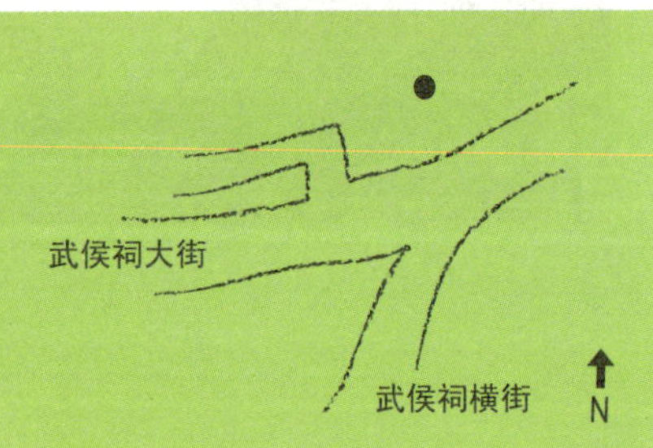

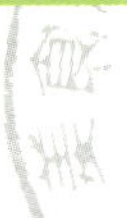

↘ 乐山家的美食档案

钵钵鸡是四川非常流行的特色小吃，它的名字让外地人觉得新奇，它的源头从清代至今已有上百年的历史。过去的“钵钵”其实为盛放麻辣调料的瓦罐，里面放有无骨凉拌鸡片，故此得名。现在的“钵钵”是外面画着漂亮花纹的陶瓷大罐，钵内盛放配以麻辣为主的佐料，菜品经加工后用竹签串制，晾冷后浸在佐料中，食用时拿竹签取用。这种吃法来自于四川乡村，带有乡村的淳朴气息又实用方便。相传钵钵鸡的“版权”归属乐山，但在成都得以发扬光大。钵钵鸡发展到今天，除了可以吃到皮脆肉嫩的鸡肉以外，还增加了不同的荤素菜品，口味也麻辣清淡皆有。

乐山钵钵鸡的优势在于鸡和调料的挑选。鸡肉为非圈养的“跑跑鸡”，顾名思义，为放养的土鸡，经常活动筋骨，所以肉质鲜嫩适合咀嚼。调料中藤椒油的运用让乐山钵钵鸡调料区别于其他品牌的钵钵鸡。离乐山不远的山区出产形似藤萝的野花椒树，俗称“麻辣不见椒”的藤椒油别有风味。

他们家的味道类似于凉拌口水鸡，形态类似于串串香，只是每一串都有鸡的各个“要件”，大钵里有很多的调料，鸡的口感嫩滑、麻辣，店里还可以添加素菜，如莲藕等，让我一次辣个够吧！

↘ Mr.Q的美食推荐

红油钵钵鸡　　各种小配菜

欽善齋
食府
欽善哉
養生有道

钦善斋家的美食档案

“钦善斋”缘起于大唐贞观盛世。太宗文皇帝李世民得药王孙思邈养生秘籍，交付太医李竹翁。后因李太医因故贬居山西，世代行医济世，药王宝典经历代传人广采博取，终成药膳养生之术。到清代乾隆年间，李氏传人在京城设“仁寿堂”医所，不给诊者开处方，而令其进膳，膳食服用后病者竟自愈。“仁寿堂”以药膳名京华，乾隆帝闻之亲临“仁寿堂”品尝，大悦。钦善斋乃得仁寿堂膳食药方真传，以滋补药膳汤闻名。

店内环境幽静，颇有禅意，小桥、流水、亭台楼阁融汇在店中。店内有火锅也有川菜，用料、做法都很讲究。滋补药膳汤锅，口味清淡，汤很鲜美；菜品卖相精致，味道纯鲜。火锅不燥，即使在夏天食用也很舒服。各种汤锅都加了菌类和药材，特别适合老人和小孩。

Mr.Q的美食推荐

果酱茯苓虾	香辣兔腿
天麻巧拌双脆	竹荪
山药	汤锅

「店内暖暖的感觉扑面而来，带着汤锅的中药味。
点了乌鸡锅，鸡肉很嫩，
加上点的菌类，味道很不错。」

钦善斋

武侯区武侯祠大街247号

028-85098895

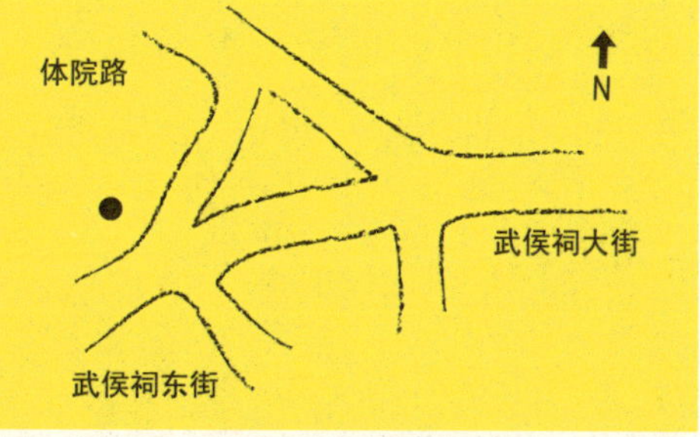

麻辣空间火锅食府

Spicy Area Hotpot

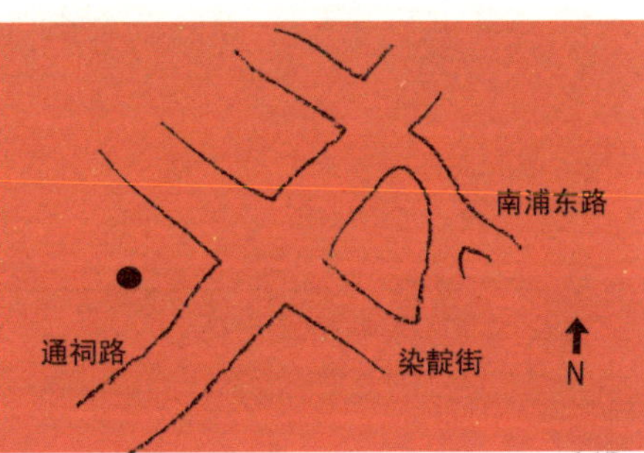

武侯区通慈路39号一江城花2楼

028-85575500

↘ 麻辣空间家的美食档案

麻辣空间火锅是四川清油火锅的代表，它家的特色是自家生产的专供火锅店的清油底料。

清油火锅是四川和重庆等地的特色火锅产品，不同于传统的牛油火锅，也是对传统火锅的革命性改变和创新。它使用清油为底料的主要原料，清油乃菜籽油，是菜花压制的食用油脂，富含菜花的香气，突出了健康和绿色饮食的特点。清油作为食物油，胆固醇低，不油腻，口感也清新。麻辣空间味道新颖，店内装修时尚，食客盈门。

↘ Mr.Q的美食推荐

土豆粉　鹌鹑蛋　五花肉
嫩牛肉　羊肉串　麻辣牛肉

该店的特色是锅底麻辣分量十足，底料为一次性使用，干净爽口；青花椒地道，麻而带着香味；菜品丰富而新鲜，份量十足。底料分为红油和鸳鸯，油碟可分为汤碟和油碟。

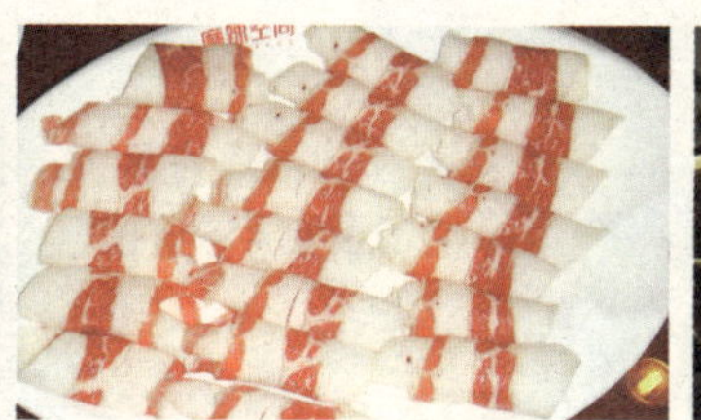

「麻辣空间果然走麻辣路线，很快就舌头找不到牙齿，
总的来说，价格与味道都较为不错，性价比较高。麻辣牛肉很不错哟。」

第四节

永陵—金沙线

柴门河鲜馆
一品天下美食街
一品天下大街
钟鲶鱼河鲜馆
二环路
花牌坊西大街
金沙遗址博物馆
青羊大道
蜀汉路
红星兔丁
南台月大酒楼
味道江湖火锅
一环路
抚琴西路
小谭豆花
永陵博物馆
双清南路
张忠甜皮鸭
永陵路
清江中路
二环路西一段

成都讲究东南西北，西贵南富中的“西门”，代表了成都的上风上水的高端生活圈子。永陵是五代十国时期前蜀国开国皇帝王建的陵墓，俗称王建墓，也是我国目前所知的唯一建筑于地面之上和第一个经过正式发掘的帝王陵墓。陵墓位于成都西门三洞桥，现已经建成永陵博物馆，园林环境优美，鸟语花香。

金沙遗址是我国进入21世纪第一项重大考古发现，是商代晚期至西周中期古蜀国的都城所在地，是我国先秦时期最重要的遗址之一。目前已建成金沙博物馆，收藏了金沙遗址中出土的众多精美文物。

一品天下美食街

No.1 Food Street

安蓉路

一品天下大街

N

⌂ 金牛区羊西线一品天下大街两侧

↘ 一品天下美食街的美食档案

“一品天下”于2005年正式开街，为成都的政府重点工程，承担着建设“成都国际美食城”的目标，是代表成都美食文化和餐饮最高水平的美食街。“一品天下美食街”位于羊西线一品天下大街两侧，其总建筑面积46万余平米，全长1368米。南端与羊西线蜀汉路交汇，向南与青羊大道的金沙遗址博物馆相呼应。美食街举办过第二届和第三届“中国国际美食旅游节”，红杏酒楼、大蓉和川菜旗舰店、文杏酒楼等一大批成都本地高端酒楼聚集在这里，颇有情调的酒吧一条街也潜伏在美食街深处，形成了一个时尚而成熟的美食消费聚集区。

一品天下美食街汇集了众多知名酒楼，如红杏酒楼，它家与银杏酒楼一样，同为川菜酒楼的杰出代表。相对于极品川菜和粤菜的银杏，红杏酒家更面向大众消费，味道精湛。文杏酒楼为红杏的控股店，菜式多、店面大、服务周到，性价比不错。相当有名的大蓉和酒楼也将旗舰店开到了美食街，“大蓉和”蕴含“大融合”的涵义，以研究新菜闻名，招牌菜“石锅三角峰”为青椒系列菜中知名度最高的一款，曾创下了一年卖出10多万份，销售额达到400多万的纪录。

↘ Mr.Q的美食推荐

大蓉和的石锅三角峰	文兴酒楼的盐菜回锅肉
荷包豆腐	红杏的椰香芒果卷
小炒腊猪头	藿香土鳝鱼

「一品天下美食街果然如传说中的气势恢宏，
美食街两侧矗立的仿古建筑中当地颇有名气的老字号酒楼一字排开。
文杏的盐菜回锅肉简直是川菜的一绝，
而创下销售奇迹的石锅三角峰中的“三角峰”为“黄辣丁”，
用石锅烹制，越吃越嫩。」

柴门河鲜馆

Chai Men Freshwater Fishes

金牛区西沿线一品天下大街A区1幢

028-87529777

N

通祠路

染靛街

南浦东路

↘ 柴门家的美食档案

柴门河鲜馆得名于“花径不曾缘客扫，柴门今始为君开”的诗句，它是食鱼者的天堂。这是柴门最早的店面，如今在成都开了三家连锁店了，在菜式及口味上，100%的都是各江各河的野生河鱼。产于乐山、夹江一带水深处的老虎鱼，鱼纹如虎，乃上佳美味；奇特的玄鱼仔和青波、黄沙鱼等都别具特色。

在成都做河鲜的餐饮里是非常有特色的一家店，不仅环境好，菜品也富有特色，既有麻辣的川菜，又有清淡的河鲜。最喜欢的是它的麻辣鱼肚，脆、爽、鲜、滑，既保留了鱼肚的口感，又没有鱼肚难去的腥味，特别推荐！河鲜价格比较合理，分量足、品质鲜。

「河鲜的味道确实很好，有家常河水味，有干烧，豆豉蒸等做法，甚至还可以做成鲜汤，每样的味道都令人赞不绝口。」

↘ Mr.Q的美食推荐

黄辣丁　　榴莲酥

「蒜烧鲇鱼是主打菜，
有家常味、白味和麻辣三种可选。
河鲜新鲜美味。」

内江钟鲶鱼

Nei Jiang Zhong Nian Yu

金牛区羊西线一品天下大街A区2幢

028-6670333

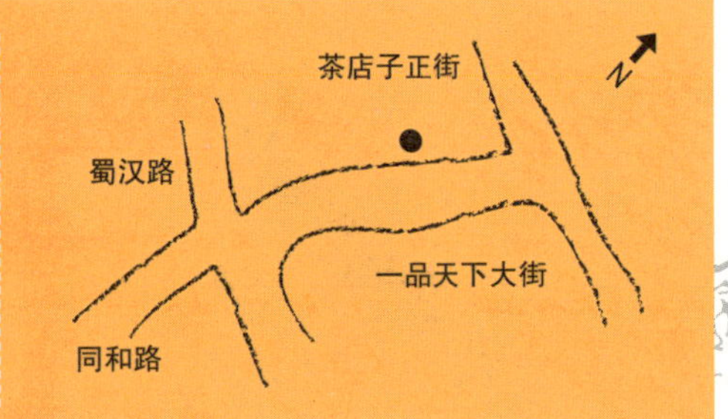

「钟鲶鱼是20多年的老字号品牌。」

↘ 钟鲶鱼家的美食档案

吃鲶鱼，年年有余。成都有钟鲶鱼、张鲶鱼等专做鲶鱼火锅的餐饮品牌，钟鲶鱼是已经有20多年历史的老字号了。他家的河鲜馆所出菜品中除当家的鲶鱼外，还囊括了来自长江、嘉陵江、沱江、岷江等江河出产的河鲜。钟鲶鱼提出了"河鲜超市天天平价"的口号，并在2006年实现了河鲜"天天空运"的供货模式，保证食客能吃到鲜活的河鲜。

大蒜烧鲇鱼是主打菜，有家常味、白味和麻辣三种可选。河鲜新鲜美味，其他川菜也别具滋味。

水煮鲶鱼可红白两吃，红色的偏辣，白的原味。鱼片很嫩，没有土腥味，白色的咸鲜。就连里面的汤，我都想喝完！除了招牌菜鲶鱼，特意吃了江团，鱼肉鲜嫩、鱼皮软糯、入口即化的感觉实在是太好了！

↘ Mr.Q的美食推荐

大蒜鲶鱼	红嘴螺
老腊肉	风干鸡
一盘葱	江团

南台月大酒楼

Nan Tai Yue Resturant

金牛区抚琴西路208号

028--8777002

↘南台月家的美食档案

合适家庭聚餐的酒楼。建于1994年，既有传统川菜，又不断研发出新式川菜。卖相精致，味道不错。推出的南台秘制骨、青山绿水松茸菌、干焙土豆丝等曾先后荣获“中国名菜”的称号。但他们家的门面实在是不显眼。

作为老牌的新派川菜酒楼，他们家菜式丰富，价钱也不贵，还供应粤菜。酒楼最知名的南台月月饼，颇具特色，是成都酥皮月饼的龙头，连续三年在成都酒店业销售量排名第一。

环境稍显陈旧，可能是年久失修，宴请就略显不够档次，家人或朋友聚会却不错，人均消费在50～100元。这里出品的月饼也颇有口碑与名气，酥皮月饼外皮酥松，内馅饱满，蛋黄跟莲蓉的比例一比一，咸香的蛋黄配合香甜的莲蓉，居然味道奇佳。

↘Mr.Q的美食推荐

南台月酥皮月饼　滑菇鸭血
萝卜烧大排　酸辣荞面
鲜笋红汤鸡　白果炖鸡

「谭豆花以酸辣豆花和豆花面保持了自己的特色，声誉日隆，历久不衰，现有豆花系列40余种。」

小谭豆花
Tan's Tofu Pudding

青羊区西大街86附13号

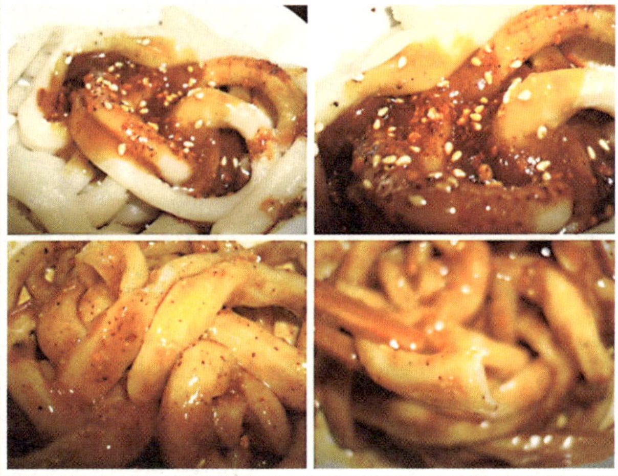

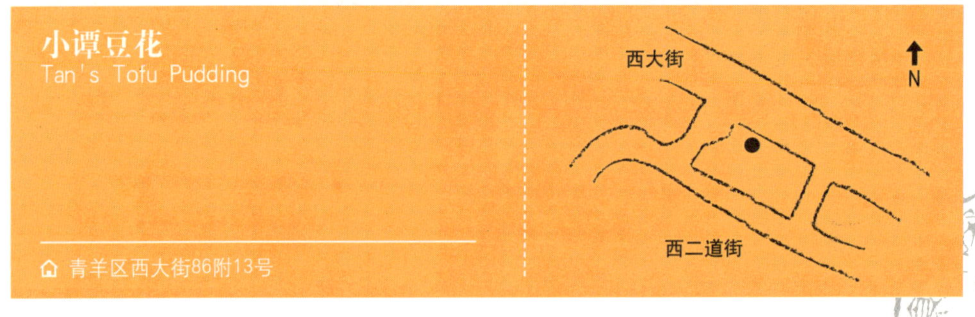

↘ Mr.Q的美食推荐

牛肉撒子豆花　冰醉豆花
臊子豆花面

↘ 小谭家的美食档案

成都名小吃谭豆花开业于20世纪40年代初，创始人谭玉光最初在成都安乐寺摆摊，以经营豆花和面条为主，当时就生意奇好，顾客盈门。小谭豆花店由老谭豆花的子孙们开办，他们继承了老一辈的精湛厨艺，又进一步对豆花进行了创新，使之更为新一代的食客所接受和喜欢。几十年来，谭豆花以酸辣豆花和豆花面保持了自己的特色，声誉日隆，历久不衰，现有豆花系列40余种。1992年在成都美食节上，被成都市人民政府命名为"成都名小吃"。

「豆花面是一种风味独特的面条制品。」

店内的豆花制作十分讲究。选用上等黄豆，经选料、浸泡、磨浆、过浆、熬浆、冲凝、煨等工序制成，雪白细嫩，调料也是用上等原料精心配制而成的，麻辣味厚。豆花面是一种风味独特的面条制品，以酱油、芝麻酱、花椒、海椒、葱花为调料，再用大头菜颗粒、油酥黄豆、油酥花生仁、豆花作为面臊，面条麻辣滚烫、鲜香味美，极其诱人。

「兔丁肯定是必须吃的，迫不及待地夹起一块来吃，果然又嫩又酥、麻辣鲜甜，还很香呢！用剩下的汤汁拌面吃，也很不错。另外，猪耳朵也非常好吃，味道独一无二，绝对巴适。」

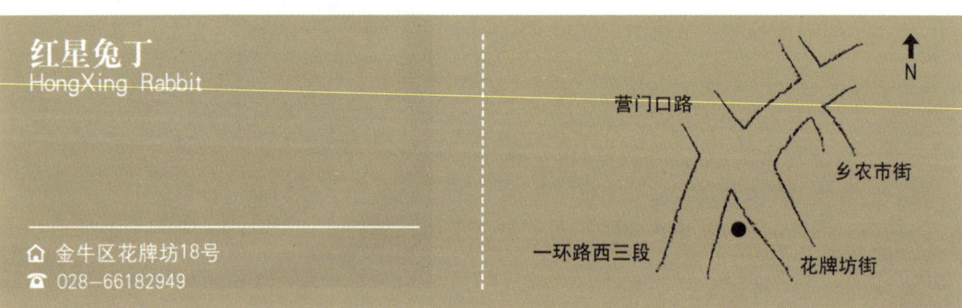

红星家的美食档案

成都人喜欢吃兔子，兔头、兔肉，卤、腌、凉拌、烹炸各不相同。兔肉本无滋味，傍鸡随鸡肉味，傍猪肉随猪肉味。经凉拌后的兔子肉，成了色香味俱全的美味佳肴，有了地道的成都香辣味。

兔子是成都人的美食，市内不出百米，必然有一家拌兔丁，这是成都人日常生活中非常重要的一道菜。红星兔丁是凉拌兔中较为知名的一家。小店门脸不大，熟食品种却十分丰富。

Mr.Q的美食推荐

兔丁　凉拌猪耳

鲜嫩味美

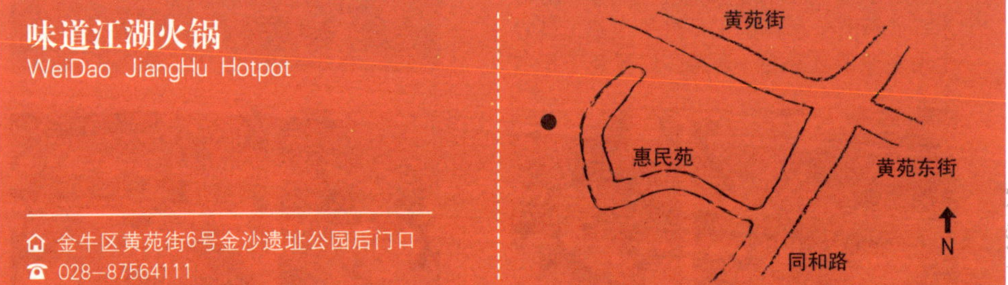

味道江湖火锅

WeiDao JiangHu Hotpot

金牛区黄苑街6号金沙遗址公园后门口

028–87564111

味道江湖家的美食档案

成都味道江湖菜餐饮公司创建于2000年，由四个年轻人创办，从十年前的一家小店发展到现在全国拥有近70家分店的规模，是一家集中餐、火锅为一体的大型现代餐饮连锁集团，遍布成都、北京等30多个城市。江湖菜在民间流传已久，虽无名无派，却能自立其味，盛行一时。味道江湖菜汇集了植根民间的菜品，包括民间特色佳肴、民俗风味菜品与小吃等等，汇齐滋味、崇尚“味道”。

味道江湖火锅装修颇有特色，清油锅不油不腻，牛油锅口味浓厚，鸭肠极富特色，店内经常做促销活动，价格实惠。

Mr.Q的美食推荐

鸭肠　肥牛

黄喉

「属于传统火锅，特意品尝了招牌菜鸭肠，长长脆脆，味道巴适！」

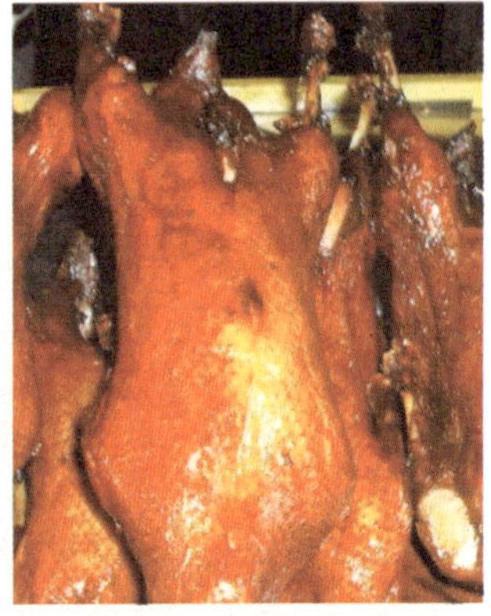

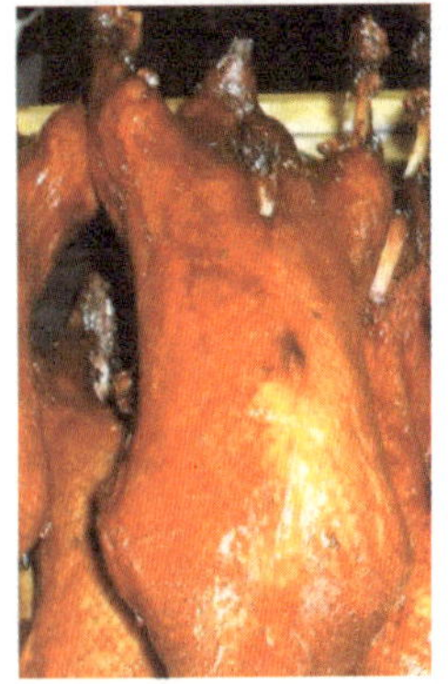

「糖衣厚而甜，鸭肉软嫩，连鸭骨头都酥了。」

张忠甜皮鸭

ZhangZhong Sweet Duck

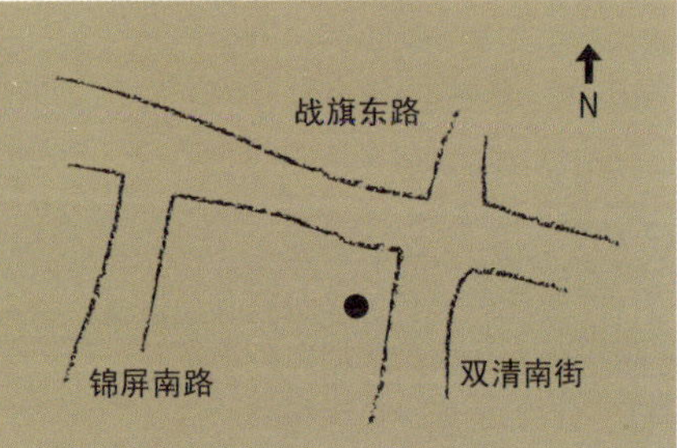

青羊区双清南路6号

「成都能吃到的最好吃的甜皮鸭了！」

Mr.Q的美食推荐

甜皮鸭

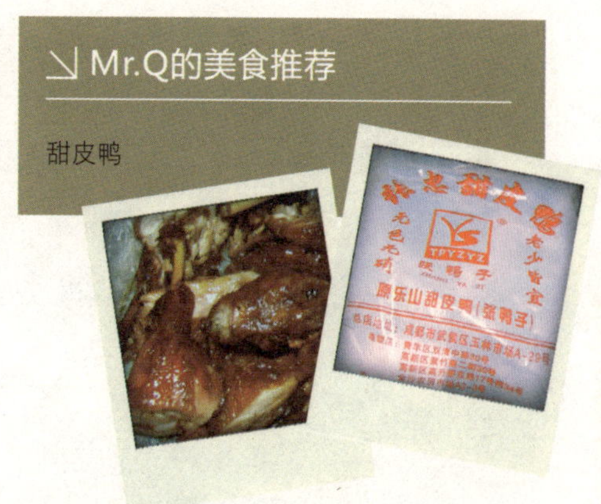

张忠家的美食档案

甜皮鸭，乐山人称“卤鸭子”，是四川乐山地区的著名美食，沿用的是清朝御膳工艺，由民间发掘、改进，其卤水别具特色，具有色泽棕红、皮酥略甜、肉质细嫩、香气宜人的特点。

制作正宗的“甜皮鸭”，必须选用农家喂养的土鸭子（麻鸭）为原料，亦可用仔鹅代替。并且是用滚油一勺勺的淋熟，不是炸熟的——这一点被外地店家篡改，特此说明。这一家味道不亚于乐山本地，价格便宜，服务热情。

早就久仰大名，终于一饱口福，这是成都能吃到的最好吃的甜皮鸭了。糖衣厚而甜，鸭肉软嫩，连鸭骨头都酥了。

第五节

文殊坊—动物园—昭觉寺—北湖

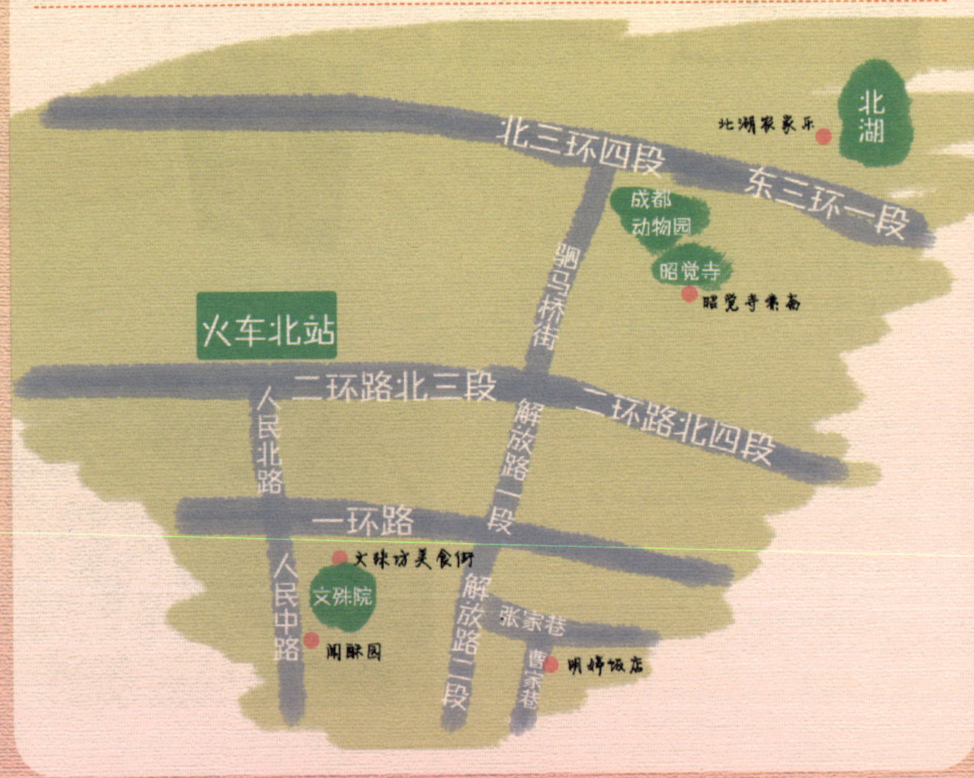

文殊坊位于成都市中心人民中路旁，依托省级重点文物保护单位文殊院，以川西街院建筑为载体，是充分体现老成都人文历史精髓的都市文化休闲旅游胜地。文殊院乃川西著名的佛教寺院，前身为唐代的妙圆塔院，宋时改称“信相寺”，后毁于兵燹。相传清代有人夜见红光出现，官府派人探视，见红光中有文殊菩萨像，便于康熙三十六年（1697年）集资重建庙宇，改称文殊院。康熙帝御笔“空林”二字，钦赐“敕赐空林”御印一方。康熙帝墨迹至今仍存院内。

昭觉寺素有川西“第一禅林”之称。昭觉寺自唐贞观年创建，为西南地区规模最为宏大、壮观的寺院之一。北湖位于成都市成华区龙潭境内的北湖公园，规划面积2.86平方公里，水面面积近千亩，绿化面积近3000亩，是集水文化、鸟文化、竹文化、客家文化于一体的成都市主城区最大的人工湖泊和最美的生态湖区，也是成都市公益林示范基地、北郊风景区的核心区域。

文殊坊家的美食档案

文殊坊是成都市政府规划的三大历史文化保护片区之一、六大旅游休闲商业区之一，文殊坊美食街是近几年新兴的成都小吃一条街。坊口就是龙抄手分店，为仿四合院式的建筑，古香古色，环境优雅。特色小吃“三大炮”，乃将三个糯米粑粑砸在锣鼓上，弹入竹匾的黄豆粉中，取出放入碗中，加入红糖水即成，“三大炮”就是得名于其制作过程中的三声锣鼓响。

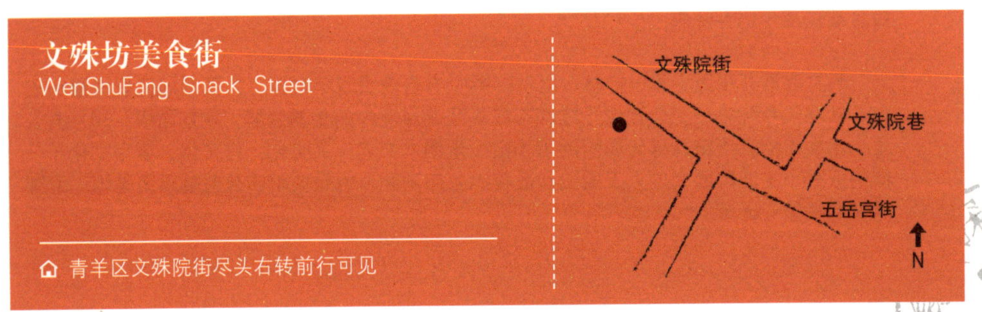

「据说来文殊坊必吃荞麦面，
点一碗尝尝，荞麦的味道很特别，
牛肉臊子味道“不摆了”。」

文殊坊对面车水马龙喧哗吵闹，但一步入古街，一下子就变得幽静起来。漫步在充满四川风情的特色古街上，只见两边都是有名或无名的成都小吃店，有名的如王婆荞麦面、龙抄手、三大炮，无名的有张老五凉粉、油燃面、三合泥……真是一个汇集各种小吃的小吃天堂，价格实惠，味道正宗。

↘ Mr.Q的美食推荐

伤心凉粉　甜水面
酸辣粉　叶儿粑
麻辣荞面

Mr.Q的美食推荐

龙眼酥　蛋黄酥　酥皮蛋糕
蝴蝶酥　玫瑰酥　千层酥
奶油泡芙　肉松卷

闻酥园家的美食档案

北京有福瑞林，成都有闻酥园，都是大众美食，物美价廉。闻酥园是成都的老字号糕点店，出售传统成都糕点，最早的店址在成都的佛教寺庙文殊院旁。四川话的发音无卷舌之分，“殊”、“酥”不分，该店铺命名为“闻酥园”谐音文殊院，加之在离店铺十几米外就可闻到浓郁的奶油和烘烤香味，店名的确非常贴切。每当下午6点左右，该

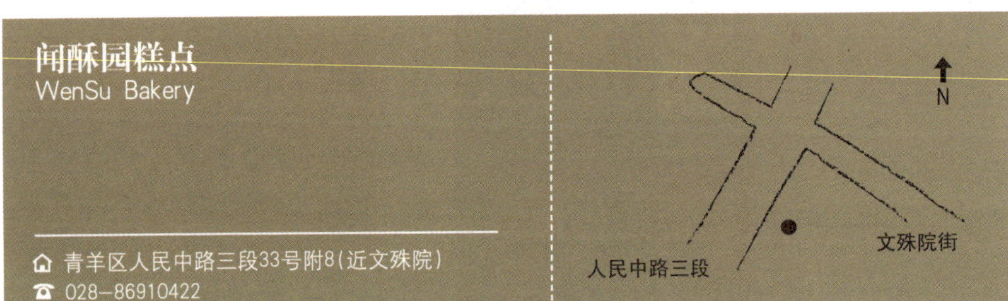

「闻酥园的特色糕点有肉松卷、奶油泡芙、小馒头、蝴蝶酥、桃酥等。」

店卖的点心就所剩无几，即便如此仍有顾客排着长队购买。成都的好吃嘴们常在网上组织网友团购，各个网络论坛也对闻酥园的点心赞美有加。

闻酥园的特色糕点有肉松卷、奶油泡芙、小馒头、蝴蝶酥、桃酥等，其中小馒头和肉松卷分上下午出售。几乎任何时间，闻酥园的柜台前总是排着长龙。营业员穿着统一的制服，戴着帽子和口罩，恍惚时光倒流，回到了以前的国营糕点铺。闻酥园的几十种糕点中，最受推崇的当数奶油泡芙、肉松卷、桃酥等几类食品。泡芙约同小笼包子大小，中间填入新鲜奶油，外皮不硬不软，十分酥松。松软的蛋糕卷涂抹上香甜的沙拉酱，两头再蘸上厚厚的肉松，就是非常美味的肉松卷了。桃酥是传统产品，原为加入核桃烤制的饼干，现在已经研发出很多新的口味。

这一家小吃店号称成都最火热的早点天堂。店外果然如传说中的“人潮涌动”，顾客争先排队购买。我爱他们家的龙眼酥，馅料味道有点像汤圆。蛋黄酥咬一小口就能看到蛋黄，好实在哟！

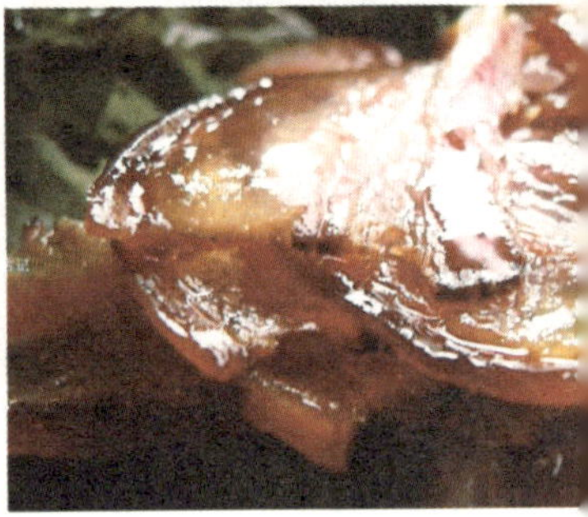

「店内菜品做得非常地道，虽然吃饭在坝子里，位置很多，但食客经常人满为患。」

明婷饭店
MingTing Resturant

⌂ 金牛区外曹家巷菜市场内（近马鞍南路）

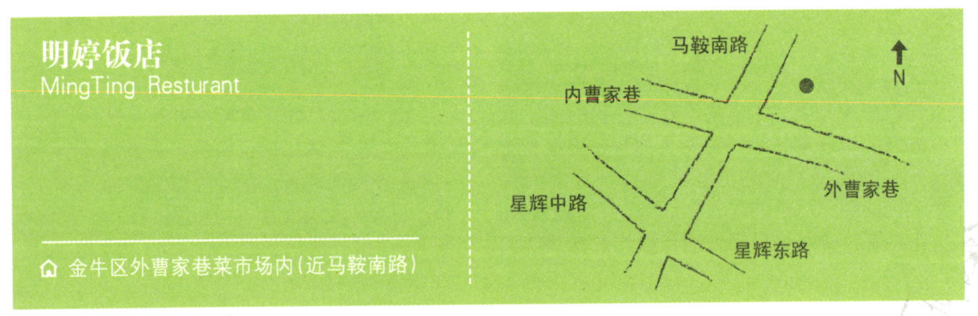

↘ 明婷饭店的美食档案

号称成都顶级苍蝇馆子。“本店为残疾人经营，不开发票”的告示就“够牛”。“苍蝇馆子”的说法发源于成都，特指那些价格低廉、铺面窄小的饭馆，形容它们小而廉价。此说法属爱称而非贬义，隐含着成都人自嘲式的幽默。明婷饭店因就餐环境在菜市场内，露天搭棚，确实非常的“苍蝇”。但店内菜品做得非常地道，虽然吃饭在坝子里，位置很多，但食客经常人满为患。

本店坐落在曹家巷菜市场边的一条狭窄的小巷里，饭店是青瓦红砖的早期民房，门口看着小，进去却别有天地，位置很多。菜的味道可口，跟大川菜馆子比较毫不逊色。

↘ Mr.Q的美食推荐

呛香鱼　　豆腐脑花
奇香排骨　　荷叶酱肉

歪斜的墙壁将倒未倒，桌椅就靠在简陋的棚屋边，就餐环境相当简陋。但每道菜品都可口。呛香鱼的海椒、花椒掩藏着鲜嫩无比的鱼片，豆腐脑花、荷叶酱肉都非常赞，印象很深。

他们家比一般的苍蝇馆子略贵。环境很焦人（四川方言，让人着急和担心的意思），碗碟很焦人，上菜速度很焦人，味道好到可以完全忽略这些因素！

「位于昭觉寺内的茶馆旁，很好找。鱼香茄子很好吃，竹荪汤里面料很足。」

昭觉寺素斋

ZhaoJue Temple Vegetable Food

⌂ 锦江区昭觉寺路昭觉寺内（动物园旁）

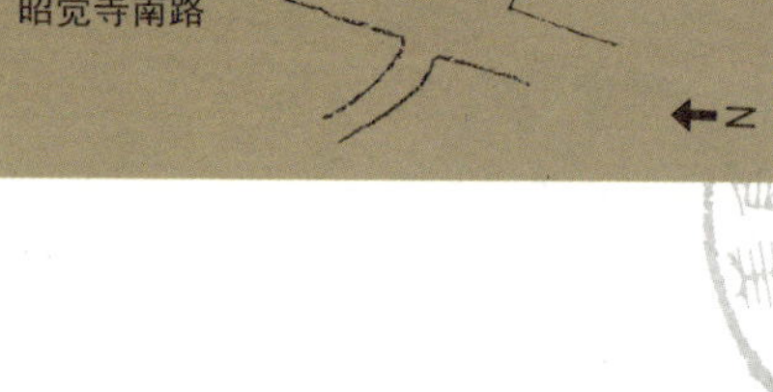

↘ Mr.Q的美食推荐

鱼香茄子　竹荪汤
刀豆　红烧什锦

「昭觉寺环境好，空气好，
在该店用餐乃一种身心放松的享受。」

↘ 昭觉寺家的美食档案

昭觉寺素有川西“第一禅林”之称。拜完佛的信众或游客来店内用餐，菜价便宜，种类齐全。昭觉寺环境好，空气好，在该店用餐乃一种身心放松的享受。

店内只卖素菜。食客多为来古寺拜祭的人，以老年人居多。观摩完参天大树、千年古刹后来店内用餐。所谓饭菜穿肠过，佛主心中留。

Mr.Q的美食推荐

青笋烧鸡　　凉拌鸡肉
各种河鲜

结合旅游
餐饮一体

北湖农家乐
North Lake Farmer's Food

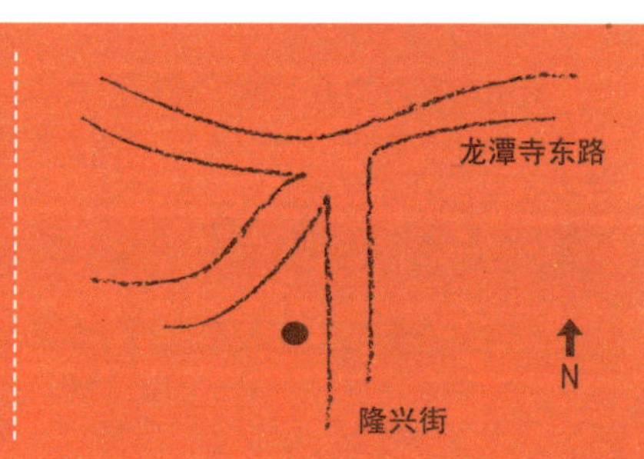

成华区龙潭寺北湖风景区

「北湖公园免费，在这里可以泛舟，观白鹭，喂锦鲤。农家乐的菜品丰富，可吃到野菜和土鸡、土鸭，在北湖尝鱼也是一大享受。」

↘ 北湖家的美食档案

农家乐是新兴的旅游休闲形式，它将特有的乡村景观、民风民俗等融为一体，具有鲜明的乡土烙印，是农家向城市现代人提供的一种回归自然从而获得身心放松、精神愉悦的休闲旅游方式。农家乐发源于成都，北湖农家乐依托北湖公园的美景，结合旅游、餐饮为一体。

北湖公园位于成都市北郊，紧邻熊猫基地，水面面积近千亩，绿化面积近3000亩。北湖公园免费对外开放，人们可以在这里泛舟，观白鹭，喂锦鲤。北湖公园的消费模式充分体现了成都人的生活态度，实在而休闲，人均消费30元就能连吃带玩，还能钓鱼。

沿北湖排列着多个农家乐和度假村，店员们在路边招徕顾客。农家乐的菜品丰富，可吃到野菜和土鸡、土鸭，这里的菜品充满乡土气息，家禽可现点现杀，味道虽家常，但却不失可口，在北湖尝鱼也是一大享受。

love
CHENG
DU
味
hot

第二章
东南西北四线之高校美食
hot
CHENG
DU
味

第一节

东线–四川师范大学

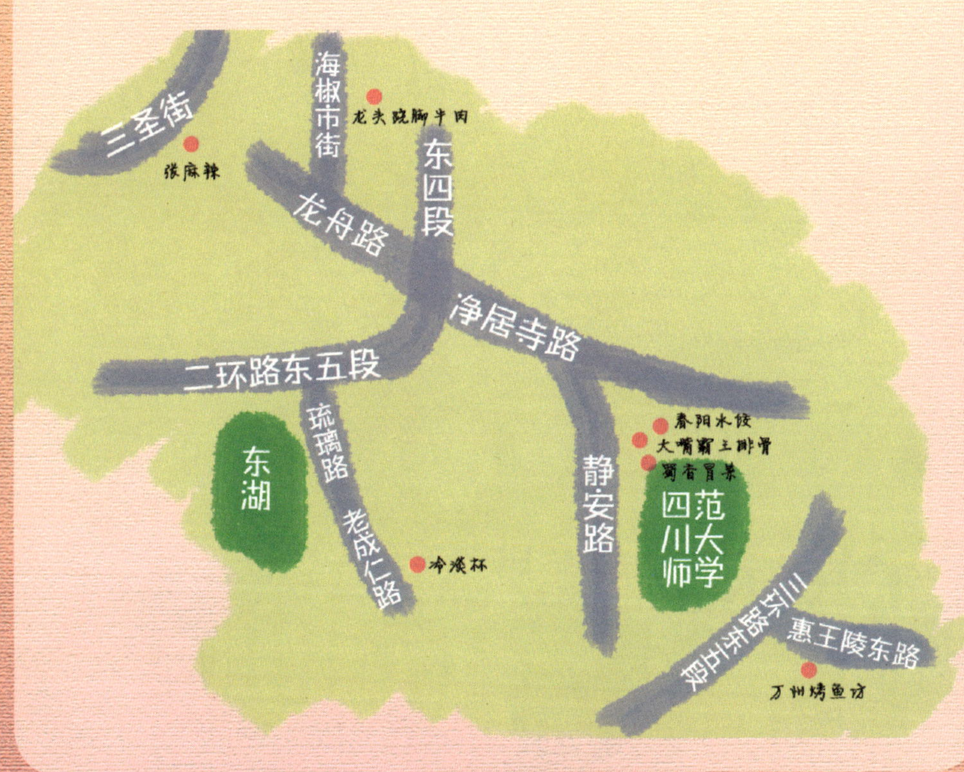

四川师范大学是中国西部地区知名大学，是四川省规模最大、学科门类最全的综合性省属重点大学，也是四川省最早发展而成的综合性大学。有狮子山、成龙和东区三个校区。大学本部位于成都东南的沙河之畔，风景秀丽、浓郁文化氛围的狮子山，毗邻著名作家李劼人的故居。以川师线路为代表的成都东门平民小吃深得老食客的赞赏。

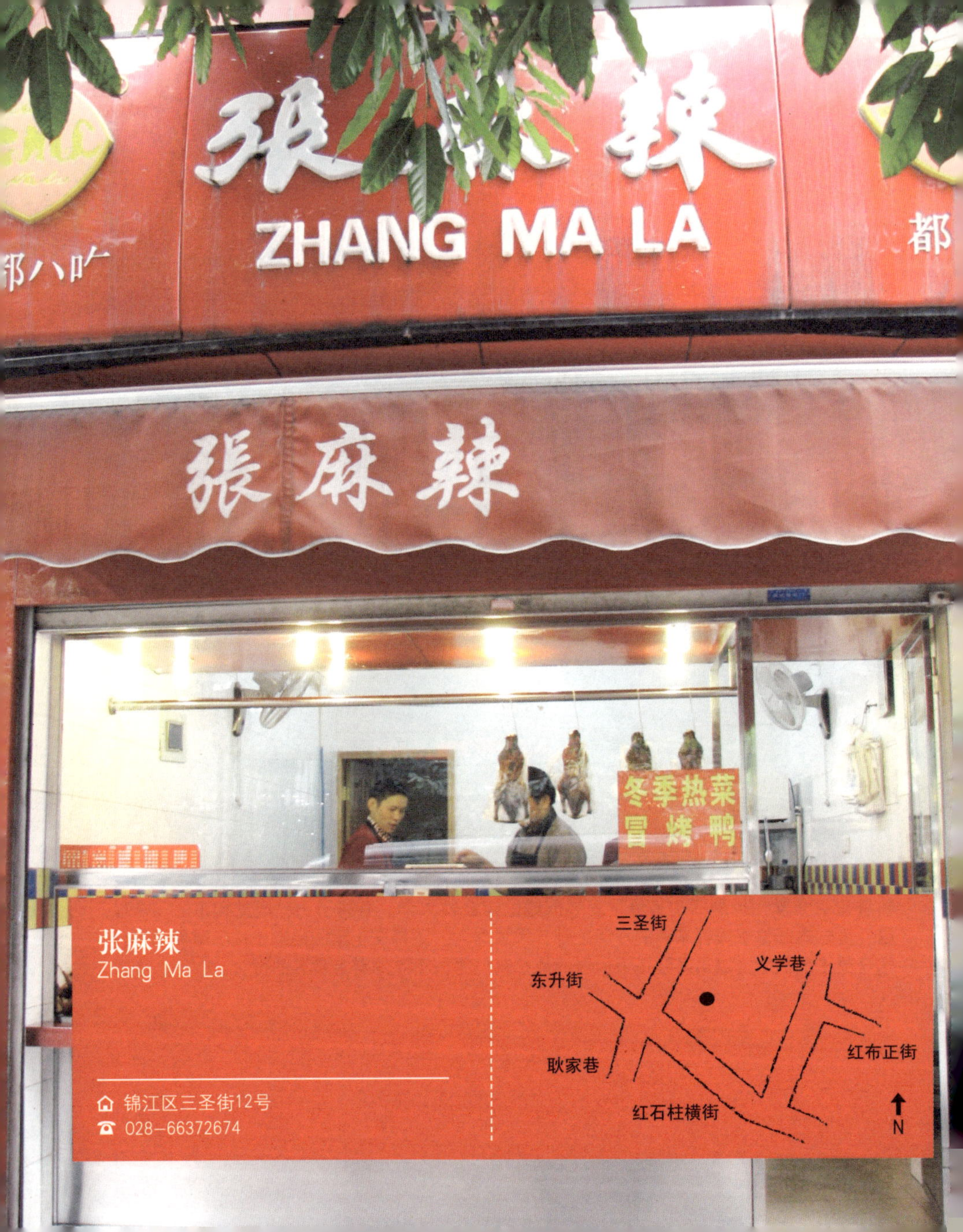

张麻辣
Zhang Ma La

锦江区三圣街12号
028-66372674

三圣街
义学巷
东升街
红布正街
耿家巷
红石柱横街
N

「超爱他们家的凉拌白肉和卤中翅。
白肉切得又薄又细，蒜泥卤白肉可是招牌菜哟，
价格也比较公道。」

↘ 张麻辣家的美食档案

平实的成都人喜欢用创始人的姓氏冠名，比如“钟水饺”、“韩包子”、“赖汤圆”、“张凉粉”等等，以表示其正宗、亲切、老字号。“张麻辣”以卖卤菜为主，在成都大名鼎鼎，开了不少家分店，生意兴隆。他们家的红星兔丁、夫妻肺片、麻辣鸭掌等招牌卤菜十分有名。

到三圣街来玩，若看到某家店铺里三层、外三层排队等候，就是该店了。店里卤制菜品丰富，卤菜为主，拌菜为辅。有卤鸡爪、卤鸡翅、卤鸭脖、猪拱嘴等各种肉制品，还有卤水花生和凉拌好的各种素菜。不但有很多食客购买，还有很多做熟菜的商铺也从他们家进货哟。

↘ Mr.Q的美食推荐

卤鸡爪　鸭舌

春阳水饺
ChunYang Dumpling

锦江区仁和东方校园广场B-12号(近川师南大门)
028-68010063

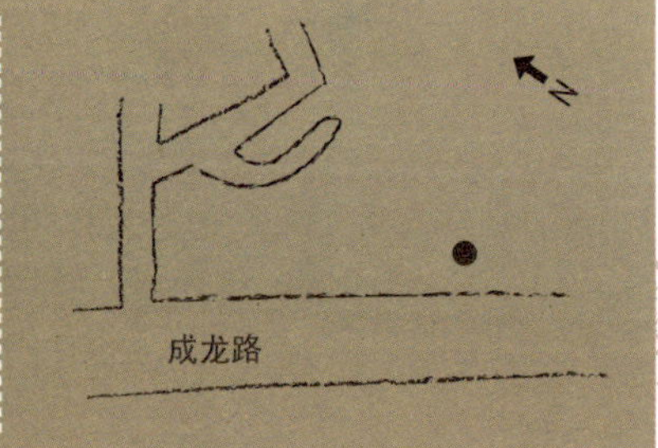

「水饺实在是“Q版”，十个一碗，红油佐料一拌，麻辣鲜香。」

春阳家的美食档案

1985年创办的春阳水饺发迹于四川师范大学著名的“好吃街”，店家每天都只经营到中午，生意却一直都很好。多年以来，小店经受住成都好吃嘴刁钻的味蕾考验，还得以发扬光大，一连在成都开了六家分店。川师浩浩荡荡的大学生下课之后会奔涌而来，无比执著地等着吃上一口饺子。住在东郊的一些市民周末难得不煮饭，也会到这家吃碗红油水饺解馋。喜欢以面食为午饭的上班族都会兴冲冲地前来大饱口福。网上的食客也称：“去他们家小搓一顿，简单快速，还很美味。”

这家是老店，装修得古色古香。水饺实在是“Q版”，十个一碗，红油佐料一拌，麻辣鲜香。喜欢吃辣的朋友，豆瓣抄手是最好的选择，传统手工拌出来的豆瓣不是一般的香，全部是小米辣制成的。

Mr.Q的美食推荐

红油水饺　　酸辣抄手
清汤水饺　　酸辣水饺
原汤抄手　　红油抄手

红油水饺可以算是店里的头牌，馅和钟水饺一样，纯肉馅的，但处理得好，一点也不显得油腻。整个调料因为能精确把握各种食材味道的搭配，所以口味特别好，吃起来香辣适口，回味无穷。除了水饺，这里的抄手也不错。酸辣抄手更是加入了小颗的芽菜，香味浓郁，越吃越想吃，配上水饺一起吃，那叫一个爽口舒心。

大嘴霸王排骨
Big Mouse Spareribs

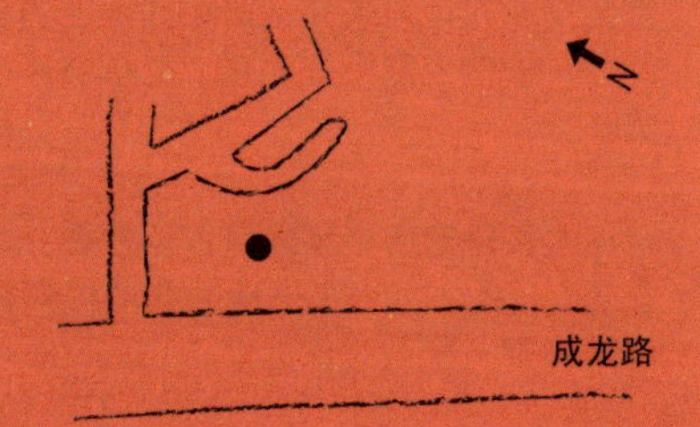

锦江区四川师大南门校园广场2楼
028—68010011

↘ 大嘴家的美食档案

大嘴霸王排骨好吃是尽人皆知的事实，小店以售卖串串起家，在川师大可谓是人人皆知的名牌店。

霸王排骨不是浪得虚名，老板称自己的手艺传自家族，精选肋骨中段，提前一天腌制后才妙手加工而成。排骨的种类有野菌排骨、海鲜排骨、芋儿排骨等，白味煲汤鲜肉嫩，红味煲鲜辣爽口。他们家除了排骨煲之外，猪蹄虾，麻泼辣子鱼，都是在别家吃不到的极品菜肴。

「排骨好吃，大块的排骨肉超多，汤也好喝，很爽口。不过，生意太“陡峭”了，随时都要排队。」

↘ Mr.Q的美食推荐

霸王排骨　野菌排骨汤锅
猪蹄虾　脆皮椰奶

↘ 蜀香家的美食档案

“冒菜”是成都的特色菜，也是川西平原独有的风味小吃，以其独特的口味和实惠的价格，赢得了群众的喜爱。冒菜不是一个菜名，是一种做法，“冒”字在这里是动词，过程为准备一锅麻辣鲜香的汤汁，把菜用一个竹勺装好，在锅里煮熟，然后盛到碗里，再舀一勺汤汁。冒菜的食材不限，有荤有素，什么都可“冒”，什么都可上桌。冒菜价格低廉，麻辣鲜香，既解馋又下饭，客人不仅可以根据自己的喜好随意点取，还可以等菜冒煮好以后，根据自己的口味轻重随意添加佐料。他们家价格也不高，人均消费大概也就6～12元左右，这和冒菜与生俱来的平民性相符。

↘ Mr.Q的美食推荐

冒素菜　冒粉

成都人吃冒菜上瘾。店内菜品丰富，冒牛肉、冒鸡肉、冒鱼肉、冒酥肉、冒脑花和各类素菜任选。

蜀香冒菜

ShuXiang Mao Cai

锦江区静安路5号四川师范大学校园广场

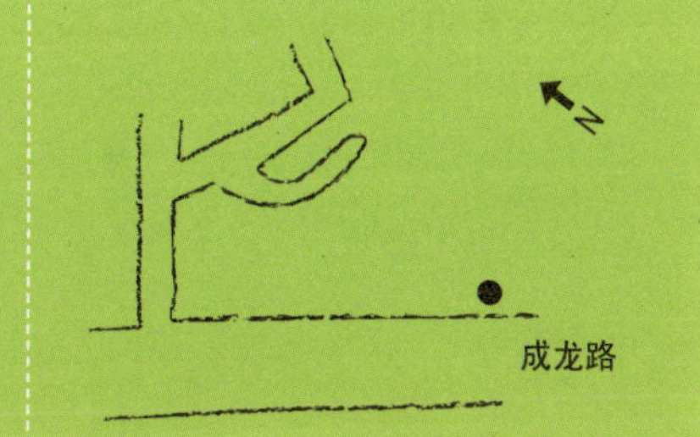

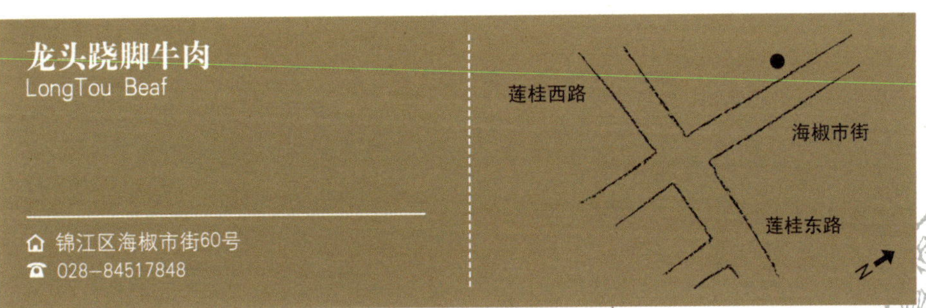

龙头跷脚牛肉

LongTou Beaf

锦江区海椒市街60号

028-84517848

↘ 龙头家的美食档案

跷脚牛肉是四川乐山的一种特色小吃，已有百年历史。相传在20世纪30年代初，老百姓民不聊生，贫病交加。四川乐山一位姓罗的老中医，怀着济世救人之心，在乐山苏稽镇河边悬锅烹药，救济过往行人。此汤不仅防病止渴，还能治一般风寒感冒、胃病、牙痛等。某天，他看到一些大户人家把杀牛后挑剩下的牛杂，诸如肠子、牛骨、牛肚、草肚之类的扔到河里，觉得十分可惜。于是便把牛杂捡回洗净后，放在有中草药的汤锅里炖煮，结果发现熬出来的汤味甚是鲜香。因汤的味道又鲜美，又可防病治病，所以为了来喝这口汤的访客络绎不绝。碰上人多的时候，没有座位的人，有的站着，有的蹲着，有的就直接坐在门口的台阶上跷着二郎腿端碗即食。久而久之，食客们便形象地起了一个“跷脚”牛肉的别称，且流传至今。

跷脚牛肉是把牛身上各式各样的东西都拿来一锅煮，从牛肉、牛舌、牛肝到牛耳、牛肺、牛肚，总之，牛身上的所有东西都不落下。汤锅中加入中草药，汤鲜味美，肉食细嫩，滋补强身。

他们家的牛肉，以汆鲜毛肚、汆鲜牛舌、鲜牛老花、鲜牛脊髓最为上口。牛肉、牛杂软嫩，配上蘸水，撇开厚厚的油层，舀出浓汤放点香菜，慢慢喝上一碗，“巴适”惨了。奉劝想好好吃上一顿的朋友，不要选晚上去吃，他们家晚上的生意火爆得吓死人。

↘ Mr.Q的美食推荐

牛杂　　牛肉
香豆腐　　牛脑花
茶树菇

第二节

南线—四川大学

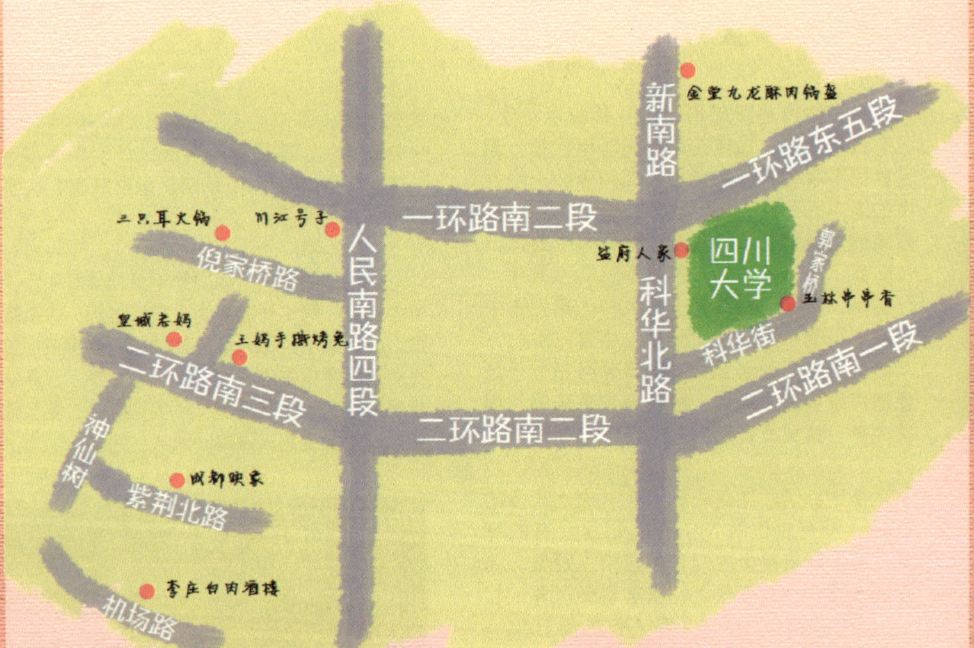

新南路
金堂九龙酥肉锅盔
一环路东五段
一环路南二段
三只耳火锅
川江号子
倪家桥路
人民南路四段
盐府人家
四川大学
郭家桥
玉林串串香
科华北路
科华街
皇城老妈
王妈手撕烤兔
二环路南三段
二环路南二段
二环路南一段
神仙树
成都映象
紫荆北路
李庄白肉酒楼
机场路

四川大学是教育部直属全国重点大学，是国家“211工程”和“985工程”重点建设大学。是由原四川大学、原成都科技大学、原华西医科大学三所全国重点大学于1994年4月和2000年9月两次合并组建而成，有望江、华西和江安三个校区。川大本部望江校区位于成都南一环路，毗邻合江亭、九眼桥等风景名胜，往西往南为成都生活腹地紫荆、玉林片区，川大线为代表的南线美食代表了成都南门的风貌：精致又别具一格。

三只耳火锅
Three Ear Hotpot

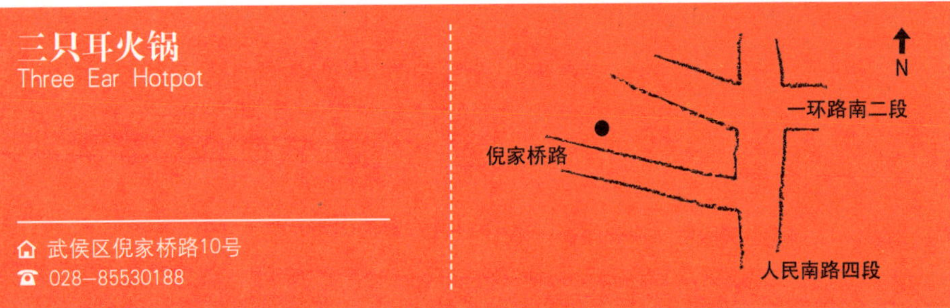

武侯区倪家桥路10号

028–85530188

↘ 三只耳家的美食档案

成都三只耳火锅店的创始人聂先生从医学院毕业后曾在医院工作，喜欢研究各种膳食对人体的保健作用。1998年，他首创了冷锅鱼这一新的火锅品种。90年代正值传统的牛油火锅盛极之时，从健康养生角度出发研制的纯清油的冷锅鱼，不但打破了火锅普遍不烫鱼的规则，还首次将厨房做好就能端上桌的火锅引入了市场。他在成都成华区天祥街开了一家“三只耳火锅店”，新概念的火锅很快赢得了市场好评和众多食客的赞誉。十多年的时间，三只耳火锅不但成立了有限公司，还在包括北京在内的各大城市共开店128家，将在成都起源的这种独具一格的火锅形式推广到了全国。

三只耳冷锅鱼素有“十年排一队，只为三只耳”之佳话。根据“医食同源”及中医辩证施治原理，冷锅鱼配方以季节交替而变换，口感独特，味道麻、辣、鲜、香、嫩、滑、爽，层次分明、回味悠长。有红油锅、番茄锅和酸菜锅等不同的底料锅底，以满足不同口味的食客需要。

他们家几乎就是冷锅鱼的代名词。冷锅鱼即是鱼先烧好，然后服务员帮你把鱼肉和汤分好，吃完鱼片还可以点火涮菜。鱼为现点活杀，吃起来鲜嫩无腥气。红汤麻辣、鲜香，满口青花椒味道；番茄锅底酸甜咸香，口感浓郁。服务和环境都不错。一侧的落地窗边排着紧密的青竹，让原来是火锅热腾腾的景象显得清幽不少。

↘ Mr.Q的美食推荐

冷锅鱼	花生豆浆	香芋卷
毛肚	半鱼头	豆腐

「至今吃到的成都最好吃的锅盔店家。」

金堂九龙酥肉锅盔

JinTang JiuLong Guokwei

武侯区新南门南台路口

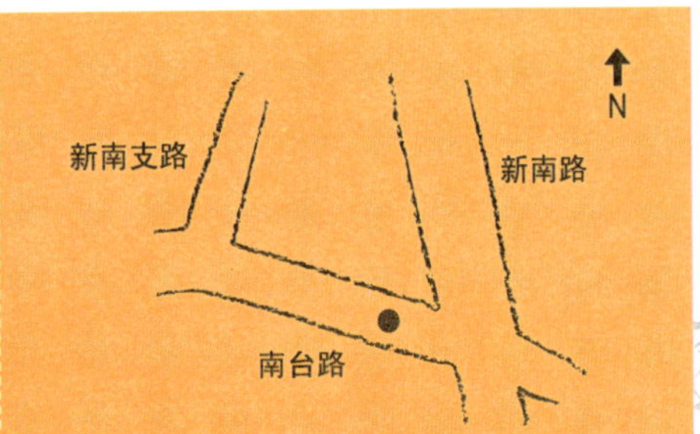

Mr.Q的美食推荐

锅盔

金堂家的美食档案

锅盔，又叫锅魁、锅盔馍、干馍，是陕西关中地区城乡居民喜爱的传统风味面食小吃。锅盔源于外婆给外孙贺满月时赠送的礼品，后发展成为当地特色的风味食品。

要说成都的锅盔，一定要说金堂这一家，经营多年，小小的门脸，生意却奇好。他们家是老字号的成都锅盔店，有牛肉锅盔、红糖锅盔、腊肠锅盔等多种品种可选，又酥又软，肉馅足，价格实惠。

皇城老妈
Imperial Palace Hotpot

⌂ 武侯区二环路南三段20号（近玉林生活广场）
☎ 028-85139999

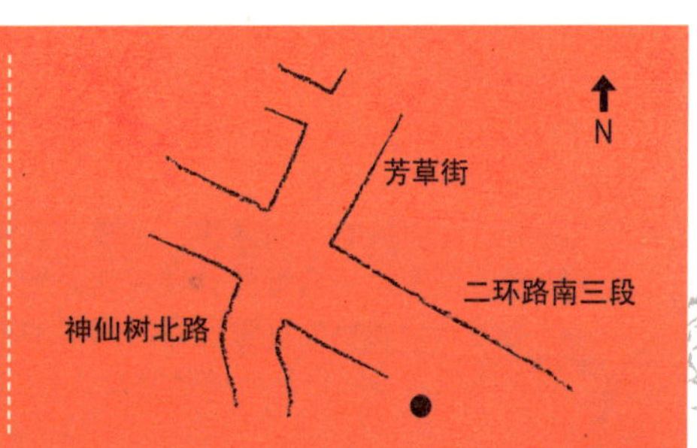

↘ 皇城老妈家的美食档案

皇城老妈是成都火锅的一面旗帜，属于高端火锅的代表。火锅店诞生于1986年，创始人廖华英开设自家的火锅店，因火锅店就坐落在成都古皇城坝，而开店的廖华英又被熟客尊称为“老妈”，遂得店名“皇城老妈”。很多游客来成都旅游，到皇城老妈吃火锅都是必不可少的一站，于是有了“皇城老妈是给外地游客开设的火锅”的说法。他们家在成都火锅中，就餐环境是无可挑剔的第一名，走高端路线的皇城老妈无论是菜品的新鲜、服务的优质和环境细节的装潢都颇为讲究，凸显老成都文化，让火锅显得尤其高雅。

皇城老妈采用具有蜀汉遗风建筑的装修风格，有“花重锦里、美食皇城”的雅誉。装修气派，外面的设计很像酒店大堂，店内古色古香，很有古城的感觉。他们家特别注重餐饮的文化品位，以“少室”、“皇城坝”、“可园”、“小板凳”、“岷川”及“坝调”等茶社命名，还有“皇城旧事资料馆”，均以独特的个性和内容呈现出独特的文化感受。

他们家的火锅有自助和点餐两种选择，自助餐很有特色，各种涮品在传送带上循环传送，食客可以各取所需，十分方便。锅底比较温和，涮菜品种全，菜品干净精致，牛肉嫩，鹅肠脆。尤其是向外地游客推荐鸳鸯锅底，红油用牛油制成，喷香扑鼻，那香味简直太勾人食欲了。

↘ Mr.Q的美食推荐

虾滑	兔腰
豌豆苗	山药鸡肉滑
黄辣丁	鳝鱼
三文鱼	肥牛

川江号子
ChuanJiang Chantey

武侯区人民南路四段18号

028-85566175

人民南路四段

N

玉洁东街

Mr.Q的美食推荐

肥牛	午餐肉
香菜圆子	虾饺
牛肉	雪山笋

川江号子家的美食档案

宜宾到宜昌1000多公里的长江江段俗称“川江”，航道艰险、险滩密布、礁石林立、水流湍急，为统一船工们的动作和节奏，由号工领唱，众船工帮腔、合唱的一种民间歌唱俗称“川江号子”。该火锅店即是得名于这种四川传统民歌，川江号子与著名川菜酒楼——巴国布衣，同属一家餐饮公司，他们家的看家特色是锅，称为“绝代双椒清油鸳鸯锅”，被誉为中华名火锅。

川江号子以时尚火锅闻名，餐厅里展现出红与黑的浪漫与激情，店内的装饰也别具一格，强烈的色彩和都市街头的画风，金属与皮革冷暖硬软的质感对比，乃至独特的平面设计，将火锅的美食概念提升到另类层次，无一不显示着这是一家时尚火锅店，令客人从火锅这一传统美食中感到新潮和时尚。

他们家有名的“绝代双椒”赋予火锅丰富的内涵，红色的糍粑海椒、青绿的小葱，还有绿得诱人的鲜青花椒，里面的食材包括毛肚、鳝鱼、脆豆腐、牛肉、虾滑等，还有店内自产的豆芽十分可口。川江号子家的底料与别家味道不同，颜色也不同，还越煮越香，秘密来源于在火锅锅底中加入了精致菜籽油。

他们家的食材比较新鲜，味道也很不错，吃完火锅还会免费赠送好吃的冰淇淋。天天生意火爆得很，客人太多以至于经常要排队。

玉林串串香

YuLin Hotpot

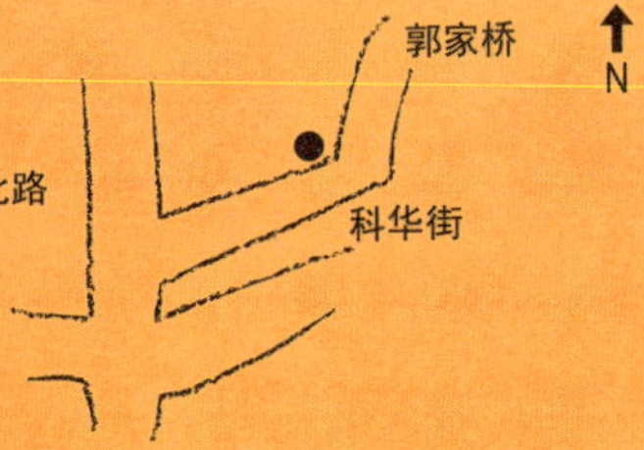

⌂ 武侯区郭家桥（近四川大学南门）

Mr.Q的美食推荐

金针菇　牛肉
豆皮　海带

玉林家的美食档案

1995年，玉林串串香的创办人肖女士将原成都街头巷尾的麻辣烫引入室内，并结合火锅的特性，首创串串香，在成都市玉林小区开办了第一家串串香火锅店，取名为玉林串串香。

从此串串香风靡成都，为防止假冒，该店对“玉林串串香”进行商标注册。玉林家的串串香让食客享受到烹饪的乐趣和“一辣、二甜、三回味”的爽感。

玉林家是老牌串串香，分店众多。红锅锅底免费，串串食客自取，有五毛、一元、两元三种价格，串串的料足，菜齐，蘸料也很讲究，可以说是串串中的经典。外地游客不能错过这家，牛肉最为推崇，嫩滑爽口。

玉林串串香口味非常道地，也是附近川大学子经常聚餐的小吃店。不管夏天还是冬天，串串都能带来独特的风味。夏天配上一瓶冰冻啤酒，既解渴又爽快；到了冬天，热气腾腾的串串则驱散了严寒，带来一身暖气。

盐府人家

Zigong Private Dishes

武侯区科华北路63号

028-85230336

↘ 盐府家的美食档案

盐府人家起源于自贡，是“盐都”自贡盐帮菜的典型代表。盐帮菜是川菜王国的重要分支，讲究选料精良，入味独特，特别对各种辣椒的运用，达到了出神入化的境界，盐泡椒、油泡椒、泥椒、酱椒、贡椒泥、杂椒泥等光听名称就觉得新颖别致。“盐都”又因调味盐闻名于世，由此诞生的全盐系泡菜无所不能其泡，有油泡、水泡、酒泡、酱泡等多种制法，真可谓是泡尽天下美食佳肴。作为地道盐帮菜的著名川菜酒楼，盐府人家将自贡菜推广到了全国各地。

店内可以尝到最地道的自贡美食，菜品色香味各个方面都非常讲究，掌盘牛肉、坛子美蛙、血泡肉、炮鹅掌、香嘴肉等盐帮菜、盐商菜成为川菜的经典菜肴，并且都取了好听的名字让食客鉴赏。盐府人家的鸡汁银丝面，还曾获得全国厨艺大赛金奖。

他们家的菜品卖相不错，口味偏于咸、辣。一定要点鸡汁豆花，鸡汤的鲜味和豆花的香味恰当地融合在一起，很有特色。另外，泡菜也“很安逸”。科华北路的川大店橱窗里放了很多五颜六色的泡菜坛，吸引眼球，勾引食欲。

↘ Mr.Q的美食推荐

鸡汁豆花　　竹笋烧牛腩
泡椒螺肉　　石锅鸭掌
酸辣鳝鱼丝

成都映象
ChengDu YingXiang

武侯区紫荆北路元华二巷紫荆春天1栋
028--85145678

「店内装修充满点老成都的味道，主做新派川菜，把改良二字发挥得淋漓尽致。」

成都映象家的美食档案

成都映象是新派川菜的代表，他们家川菜的特色可以用三个字形容：鲜、辣、香。据店内介绍，新派的川菜不再是满目红油，而是兼容并蓄，多了几分温柔，滋味仍然也要保有豪迈、率直、刺激的口味，“三香三椒三料、七滋八味九杂”——这才是新派川菜。

成都映象的装修风格处处体现老成都的味道，包间名字为老成都街道名，是把川西民居风格表现得最为淋漓的酒楼。他们将老成都川菜在保留传统风味的基础上加以改良，把浓郁的川西文化特征融入菜品和餐厅环境，让食客从视觉到味觉再到内心都能感受成都的温暖和亲切。

Mr.Q的美食推荐

香锅鸭王　　砂锅牛肉
印象水煮鱼　椒麻鸡
红糖糍粑

他们家的川菜味道规矩、地道，很多菜式其实已不是非常具有川味特色，麻辣味不重，所以外地客人肯定更喜欢，会吃得比较舒服。但本地人就觉得味道不够重，不够爽气。映象合家欢是他们家不错的炖品，如同佛跳墙一样，适合全国各地人民的口味，强烈推荐。

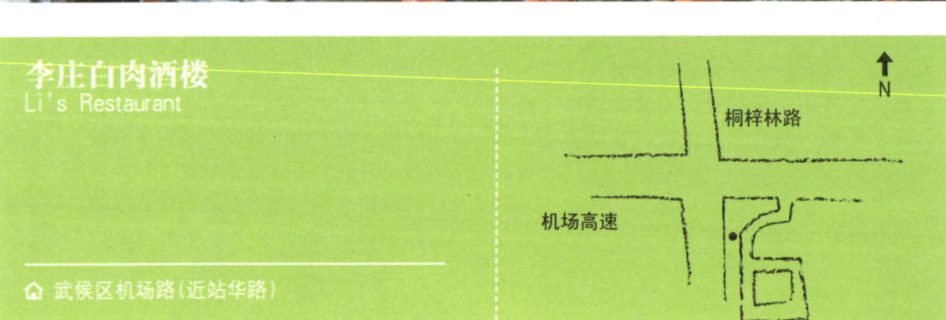
李庄白肉酒楼
Li's Restaurant
武侯区机场路(近站华路)
桐梓林路
机场高速
N

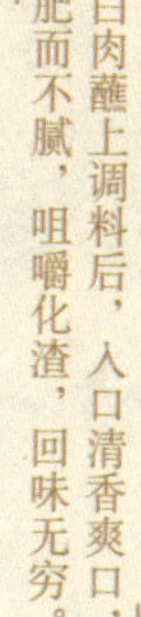

↘ Mr.Q的美食推荐

李庄白肉　李庄第一碗

↘ 李庄家的美食档案

宜宾是长江第一城，而宜宾境内的李庄为长江第一镇。李庄白肉经过历代厨师的探索、总结和提高，成为李庄远近驰名的一个金字招牌。李庄白肉原名"李庄蒜泥裹脚肉"，相传商朝末年，因周武王起兵伐纣，起义各路人马将身首断开的妖狐苏妲己割片，蘸上蒜泥分而食之。当然，这只是传说而已，李庄白肉因其肉片薄而长，且用一支筷子裹而食之，又名"裹脚肉"。抗日战争期间，在内迁翠屏区李庄的文人陶孟建议下将"裹脚肉"改名"李庄白肉"即是得名于此。

制作李庄白肉，主要集中在选料精、火候准、刀工绝、调料香四个要素上，缺一不可。李庄白肉选料必须是饲养时间在一个月以内，不喂添加剂、皮薄肉嫩、肥瘦比例恰当的猪为最佳。

他们家的白肉确实不错，薄薄的肉，香而不腻，蘸的小料鲜辣和蒜香搭配得不错，但白肉的最佳拍档还是一碗米饭。白肉蘸上调料后，入口清香爽口，肥而不腻，咀嚼化渣，回味无穷，食后感觉令人叫绝，久久不忘。

↘ Mr.Q的美食推荐

兔头　烤兔

「外卖熟食店。
专做烤兔和兔头，闻起来特别香，
吃起来很入味。
店内提供真空包装服务，
便于顾客携带和保存。」

↘ 王妈家的美食档案

2002年6月份，王妈手撕烤兔店从双流县三星镇迁入成都，同时也把这一祖传多年的乡间美味从山野小镇带入了繁华都市。他们家的手撕烤兔，不是野味，胜似野味，风味独特，凭借祖传的独特工艺保证了最佳的口感。

王妈手撕烤兔
Wang's Roasted Rabbit

武侯区玉林小区玉林街26号（近玉林菜市场）
028-85554035

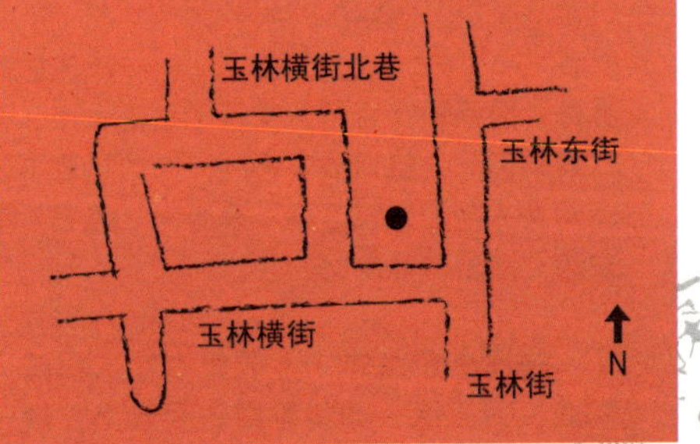

马诚 摄

第三节

西线－西南财经大学

西南财经大学是教育部直属全国重点大学，也是国家首批“211工程”重点建设大学。学校本部毗邻杜甫草堂，由光华、柳林两个校区组成，校园绿树成荫，环境优雅，有“园林式院校”之称。西南财经大学为代表的西线美食代表了成都西门古朴、精巧的生活特点。

锅锅香
Griddle Cook

青羊区光华街村111号(近西南财大南二门)
028-81710398

↘ Mr.Q的美食推荐

清蒸南瓜　干锅鸭唇
干锅排骨　干锅鸡

「干锅真是不一般，兔、虾、蛙、鸭唇……样样味道好。
清蒸南瓜，强烈推荐。」

↘ 锅锅香家的美食档案

锅锅香餐饮成立于2005年，特色菜品干锅系列采用纯植物油和30多种天然香料秘制而成。在成都干锅界颇有名气，生意好得要开露天席，去晚了更是等位没商量。

他们家秉承干锅的精髓，口味浓厚，麻辣鲜香，回味无穷，干锅的做法也绿色健康。店里的菜品挺丰富的，环境也舒适。干锅荤菜和素菜都入味，麻辣味足，菜色新鲜，还有很多砂锅、凉菜可选择。

光华牛肉馆
GuangHua Beef

青羊区光华村街55附14号(财大南二门口)

↘ 光华家的美食档案

被西南财大学子誉为“财大第五食堂”的光华牛肉馆，用“味美价廉”来形容再恰当不过了，是学生们改善伙食、班级聚会的首选。

牛肉是招牌菜品，粉蒸牛肉、豆花牛肉、炒牛肉、烧牛肉等可以轮流品尝，还有特色肘子和拔丝系列也做得很好。价格实惠，分量足。

↘ Mr.Q的美食推荐

豆花牛肉　孜然牛排
粉蒸牛肉　焦皮肘子

招牌菜粉蒸牛肉挺不错，与其他家的蒸牛肉的差别就在于他家蒸出来的牛肉通透干爽，不带汁水。去光华牛肉馆吃饭能遇见很多西南财大的学生，感受青春的气息，回忆曾经的牛气冲天的时代。

沈妈砂锅
Shen's Marmite Cooking

青羊区光华村街56号四川行政学院小巷内

↘ 沈妈家的美食档案

砂锅是以砂质陶器制成的锅，用砂锅煮食，却融合了美味、营养、滋补等优点。砂锅菜通常集多种营养于一锅，上桌时砂锅里热气蒸腾，里面的各种食材异常鲜嫩。沈妈砂锅是地道的四川口味，分量够，消费便宜，来这吃饭的大学生很多，人气很旺。

他们家砂锅种类丰富，口感不错，以砂锅豆腐为例，可以选择豆腐和土豆两种素菜，红辣椒、黄土豆，还有嫩嫩的白豆腐，再点缀以绿色配料，色香味形俱佳。

砂锅牛肉和砂锅蹄花也是招牌砂锅。白味砂锅汤巴适，红味牛肉、肥肠、咕咕肉都"安逸"，砂锅牛肉堪称经典。30元两个人吃足够吃好，他们家生意火得很，有时只能在外面的小桌上吃。

↘ Mr.Q的美食推荐

砂锅牛肉
砂锅肥肠
砂锅咕咕肉
砂锅藕片
牛肉砂锅饭

乡村菜馆

Village Resturant

青羊区草堂路街道浣花北路8号国土宾馆

028-87360030

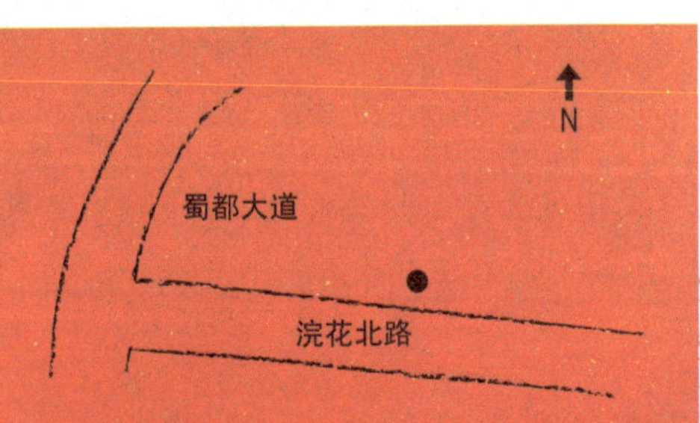

↘ 乡村家的美食档案

这些年来，城里人越来越流行返璞归真的生活方式，吃、住、玩都要往“乡村”靠。这家店名打的就是这个招牌，卖的也是真功夫和简约的内涵。越辣的菜，越有味道，不怕辣的朋友推荐品尝。他们家的菜品用红色陶瓷大盘装盆，有点江湖菜的架势。香辣脊髓和脑花得到一致推荐。新奇菜品香辣脊髓口感嫩滑，类似近烫熟后的猪脑。特色招牌毛巾馒头限量供应。

「巷子太深了，寻找很有难度，但好酒不怕巷子深，好店也一样。他们家座位不多，订座很必要。」

↘ Mr.Q的美食推荐

香辣脊髓	红烧鳝片
毛巾馒头	红烧青蛙

龙凤瓦罐煨汤馆

Dragon & Phoenix Tasty Soup

青羊区清江东路61号

028-87337378

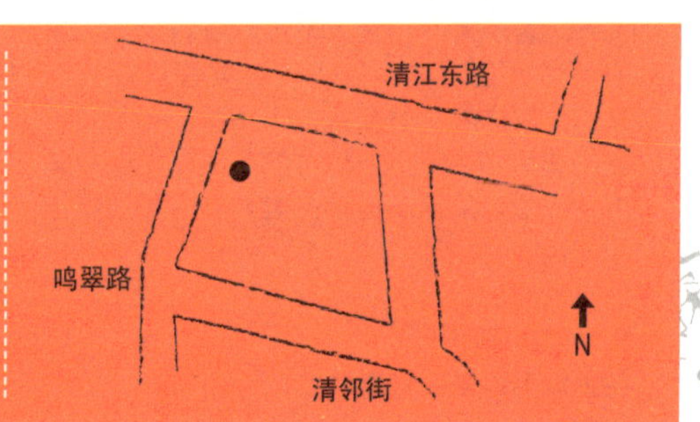

龙凤家的美食档案

俗话说，吃肉不如喝汤，中国人自古就有喝汤的习惯，传统饮食观追求美味、享受，注重饮食益生，汤是最容易兼顾到这两方面的补品。瓦罐煨汤是流行于南方民间的一种风味菜肴，融合民间传统特色又适合现代人口味。瓦罐显得纯朴和古旧，煨即是用小火煮，罐子里的汤咕噜咕噜地冒着气泡，引发人的食欲。煨汤香浓、味鲜、原汁原味，口味清淡颜色鲜美，营养更是上佳。

龙凤家是味道很不错的家常菜馆，煨汤品种丰富，不油腻，美味又营养，尤其合适老人和小孩。其他川菜也做得不错，提供外卖，推荐大家品尝。

「罐子里的汤咕噜咕噜地冒着气泡，引发人的食欲。」

Mr.Q的美食推荐

瓦罐排骨
蕨根粉
牛尾汤
黄豆猪手汤
蒜香排骨
晾干白肉
铁板牛肉
纸包豆腐
瓦罐饭

张大胡子鱼头火锅

Zhang's Fish Hotpot

青羊区清江东路312号（近成温立交桥）

028-87360118

↘ 张大胡子家的美食档案

张大胡子鱼头火锅品牌创史人张新民，于20世纪90年代初在四川新津县岷江河畔开店，经过多年经验，将独特风味的鱼头火锅带进成都，率先在成都掀起了鱼头火锅热潮，牵动了整个成都鱼头火锅的兴旺，该火锅还荣获省名优火锅称号和特色鱼头火锅单项奖。

鱼头火锅是四川火锅的生力军。该店场子大，装修清爽。使用的鱼头十分新鲜，在锅底里烫好后鲜香肥美，无腥味。蘸味碟里有脆豆豉和酥豌豆，吃起来非常爽口。生意一直火爆。

↘ Mr.Q的美食推荐

鱼头　　凉粉
鱼划水

「环境非常优雅，喝茶或者咖啡、点餐都很有情调。」

食画花园餐厅
Garden Resturant

武侯区二环路西一段118号

028-87366999

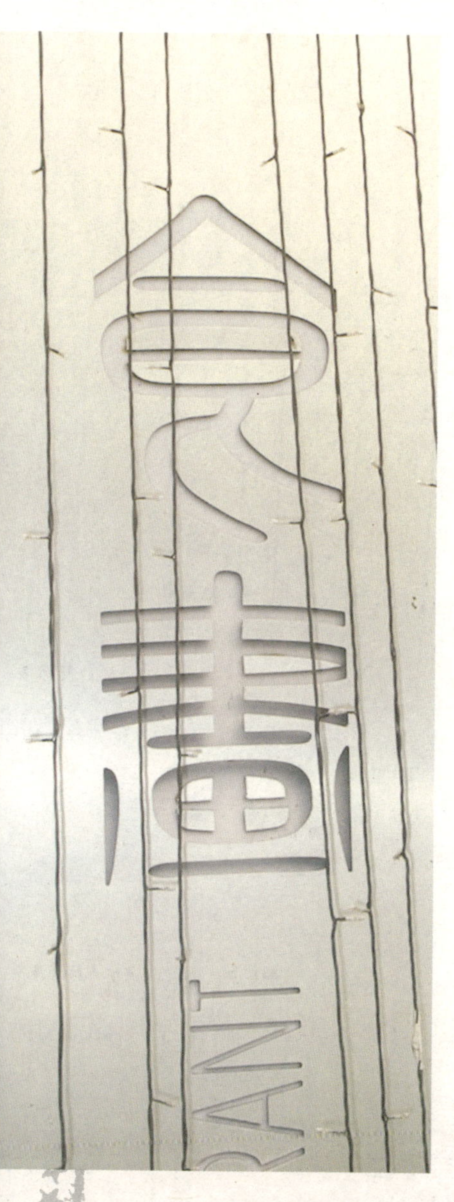

↘ 食画家的美食档案

餐厅从名字开始就给人别致的感受——简单幽雅的门庭，门内流水潺潺、竹影摇曳。青石砖墙营造出曲径幽深的小巷意境，古意盎然，韵味十足。日式包间，浮世绘的拉门创意无限，很合适情侣约会。他们家出品的美食也很养眼，精致的器皿配精致的菜品，是新派川菜风格。

彩色的贝壳、白色的芦苇还有绿色的植物和红、黑、咖啡色系环构着清雅的食画餐厅。食画花园，出品无国界美食，供应地道川菜、精美粤菜和美味咖啡。人在画中，画在身外，构成了优雅的餐厅风味。

↘ Mr.Q的美食推荐

甲鱼　　海参
翅糟香　法国鹅肝

第四节

北线——西南交通大学线

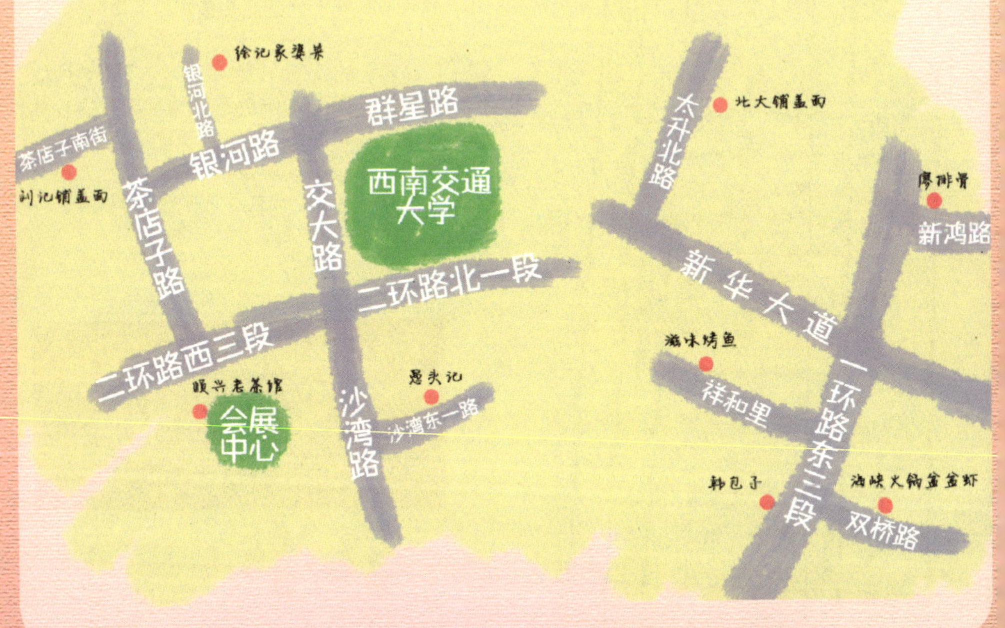

西南交通大学是教育部直属的重点大学，首批进入国家高等教育重点建设项目“211工程”和“985工程”的全国重点大学。大学本部毗邻成都北门九里堤，设有九里、峨眉、犀浦三个校区。以西南财大为代表的北线美食代表了成都北门大气、爽朗的生活特点。

愚头记

Legend About Fish

金牛区沙湾东一路63号

↘ Mr.Q的美食推荐

半鱼头

↘ 愚头记家的美食档案

冷锅鱼传说为美食家苏东坡所发明。有一天他觉得传统火锅的吃法辛辣上火，于是吩咐厨师用火锅料做作料，将鱼经爆、炒、熬等工序烹调好后再连同火锅料一起装锅，端上桌时，鱼已烹熟，锅却是冷的。近年来，冷锅鱼的兴起源于四川宜宾、泸州长江边渔民家的“片片鱼”。它虽在宜宾、泸州一带诞生，但却并没在那一带成长壮大，后来被引进到重庆，也没有形成气候。直到这种烹调法被移植至成都以后，才得到了巨大的发展，为世人所青睐。“二人之，金口内，软玉披红霞，醇酿换宿醉，冷锅鱼，巴渝第一味。”这是郭沫若对冷锅鱼的评价。

愚头记是成都冷锅鱼里数一数二的名店，创建于2002年的愚头记拳头产品为冷锅鱼特色火锅。愚头记的店名既体现了愚公移山的精神，又跟“鱼头”谐音，一语双关。坊间传闻。该店主要经营冷锅鱼火锅和系列产品，属特色风味火锅。鱼头火锅的特色在于汤纯回甜，细嫩可口，有补气血、益心肾之效。鱼火锅分净鱼头和半鱼头两种，肉质鲜嫩，味道偏麻。此店为愚头记的第一家店，味道正宗。

网友评论这是成都味道最好的冷锅鱼，周末经常要等座，外面排着长队，生意果然火爆。

「茶馆内能感受成都的点滴历史，点心相当精致,可跟广东点心媲美。」

顺兴老茶馆

ShunXing Teahouse

金牛区沙湾路258号成都国际会展中心3楼

028-87693202

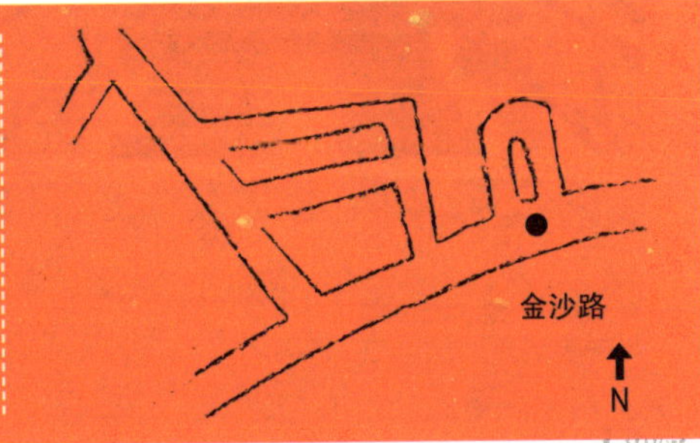

顺兴家的美食档案

成都老字号茶馆，很有老成都特色，号称老成都名小吃城。它开工复建于1999年春，坐落在成都国际会议展览中心三楼，是参照成都历代著名茶馆和茶楼的风范，聘请茶文化专家、古建筑专家和著名民间艺人设计，集明清建筑、壁雕、窗饰、木刻、家具、茶具、服饰和茶艺于一体，如同一座茶文化的历史博物馆。

他们家绝对是游客体验四川民俗的好去处。老茶馆以本土建筑装饰、川西民居民俗文化为主要元素，以川西民居的竹编墙、木板墙、三合土墙以及青砖、片石墙为主体特征，通过走廊、楼梯的运用与转换，让游客如置身巴蜀风情街。每晚八点后有川剧和变脸表演，边看表演边吃小吃的感觉其乐无穷。

茶馆内能感受成都的点滴历史，点心相当精致，可跟广东点心媲美。菜品也都是川菜中的招牌菜，如回锅肉、鱼香肉丝等。对于第一次来成都的人来说，是个不错的了解成都小吃风俗的地方。

「环境属中式偏时尚风格，
特色菜霸王鱼，即四川家常的豆瓣鱼，味道不辣，但香味很足，入口很嫩。」

徐记家婆菜

Xu's Private Cooking

金牛区交大智能八期银河北街3-5号
028-87621199

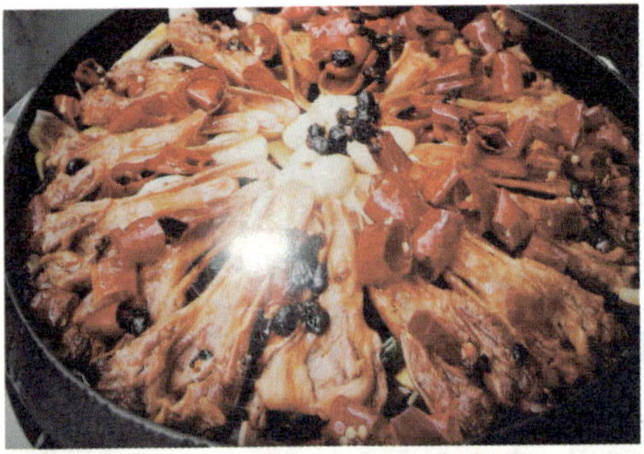

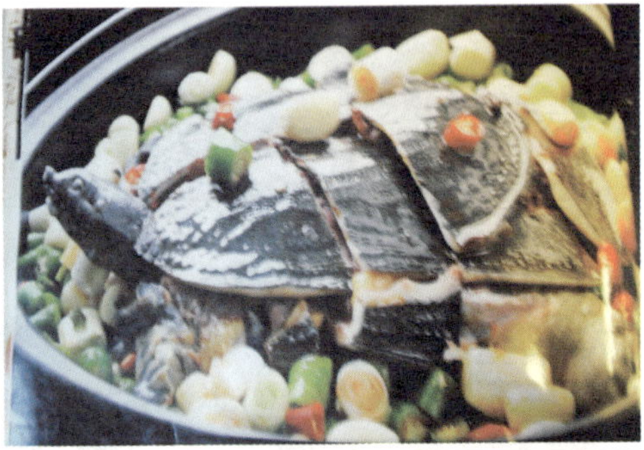

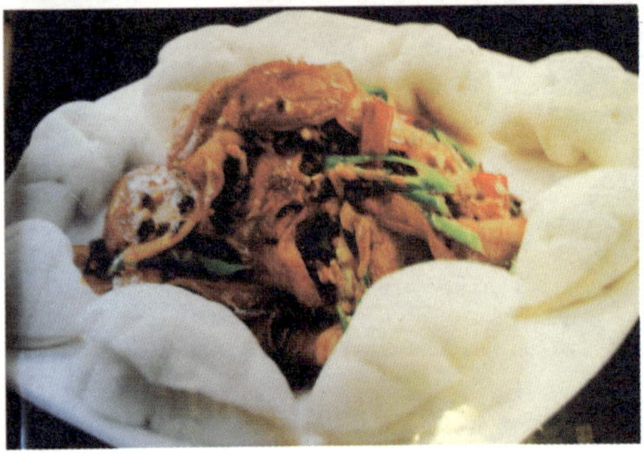

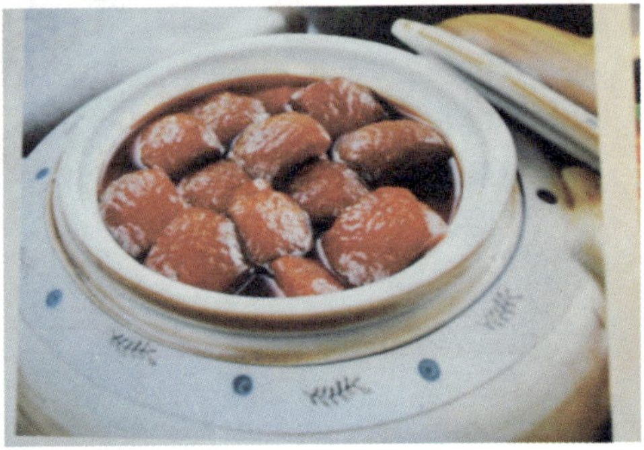

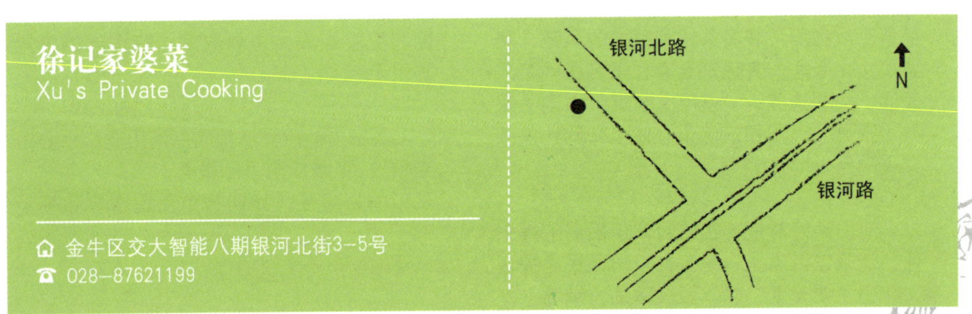

↘ 徐家的美食档案

“家婆”是外婆的另一种叫法。在以诗句“晓出锦江边，长桥柳带烟”闻名的老南门大桥边上，有一个徐家大院，大院里的徐氏家婆善良贤惠，膝下儿孙满堂。家婆烧得一手好菜，每道菜色、香、味俱全，一上桌就被抢个精光，儿孙们从中充分体会到了“食”的乐趣。家婆不仅能做菜，而且乐于助人，邻居们每有婚嫁寿诞，总要向她讨教做菜的技巧，她从来都不吝惜手艺，热心教人。久而久之，徐氏家婆美名远播，成为城南一带远近闻名的川菜名家。

2004年的一天，徐氏子孙在整理旧家谱时，无意中从破旧的家谱中发现了几页已经被虫蛀的纸张，原来是家婆许多年来做过的家常菜的菜谱。当年尝过家婆手艺的儿孙们聚在一起，感叹之余，极力建议已是烹饪名师的徐氏外孙好好利用家婆这笔宝贵的财富，将家婆的手艺发扬光大。经过深思熟虑，徐氏外孙在朋友们的帮助下办起了川菜酒楼，以此纪念家婆的手艺和美德，这便是徐记家婆菜的来源了。

该店是以精品川菜、创新川菜家常菜为主的特色中餐连锁品牌，开业至今受到消费者和好吃客的追捧。店内装修为中式风格，地方不大却落落大方，墙上古朴木雕、屋顶特色布帘总让人想起亲切的外婆。特色菜婆婆烧肉，以脱脂处理的猪五花肉与蜀南竹海斑竹笋混合烧制而成，吃到嘴里，肥而不腻。徐府鲢鱼采用球溪河鲢鱼，佐以自制老坛泡菜和地道汉源花椒、干辣椒烹制而成，麻、辣、鲜、香、嫩；家传烤鸭将川西传统烤鸭与广东烤鸭相融合制作，具有皮酥肉嫩、香鲜可口的特色。

滋味家的美食档案

这是一家开得像咖啡厅的烤鱼店，售卖传说中成都市最好吃的烤鱼。店的门面不大，但进门后发现别有洞天。装修成咖啡屋的情调，满墙的小格海报、彩虹条的桌布、可爱的绿色植物，整个店面十分温馨、干净。

烤鱼有香辣、鲜椒、豆豉、泡椒四种口味可选，鱼有江团、黔鱼、武昌、花鲢和草鱼可选。吃起来鱼皮酥脆，鱼肉嫩滑细腻，配菜也比一般店多。

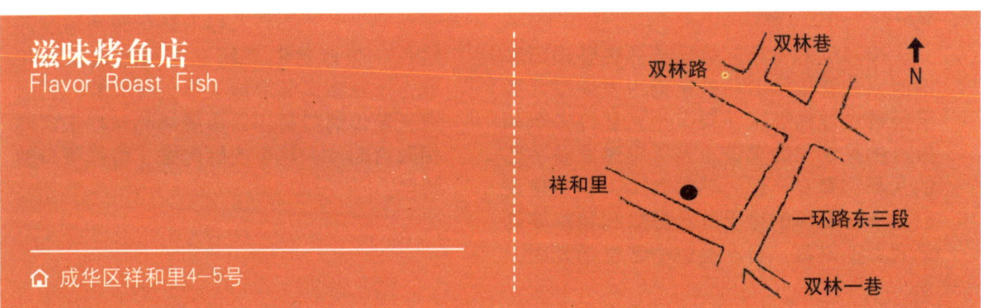

↘ Mr.Q的美食推荐

黔鱼　巧克力啤酒　烤鱼

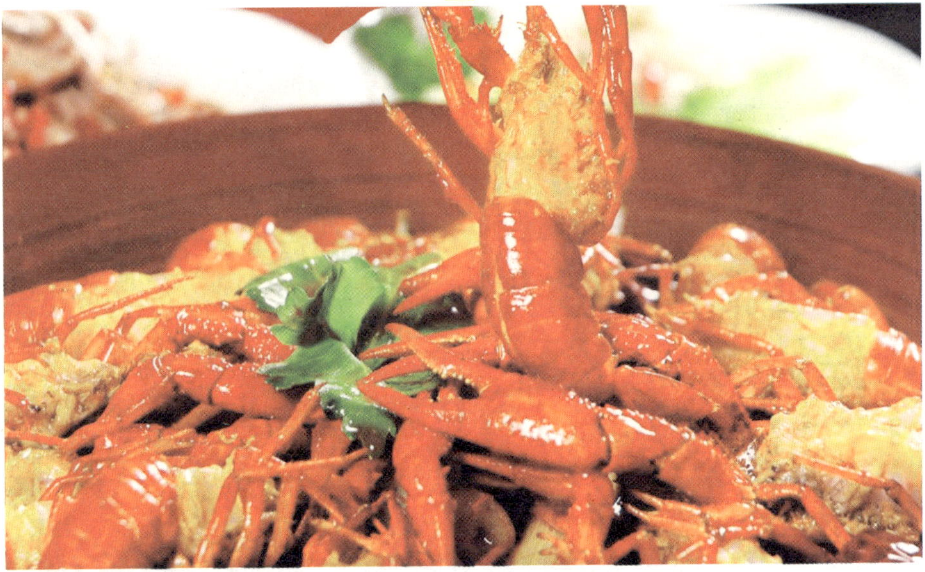

海峡家的美食档案

海峡家是出品干锅系列菜式的餐馆，也是成都的老字号。出品的干锅菜品无论麻辣还是香辣都回味无穷。夜晚营业时，店内灯火通明，很有气势，盆盆虾为这里的招牌菜。

干锅种类齐全，有干锅鳝鱼、酱爆鱿鱼、鹅唇等等多种菜品，虾也有两种做法，盆盆虾和凤尾虾。干锅吃完可以加菜，还有其他种类的锅底任意选择。

海峡火锅盆盆虾

Strait Lobster Hotpot

成华区双桥路227号列五联合中学对面

028-84338888

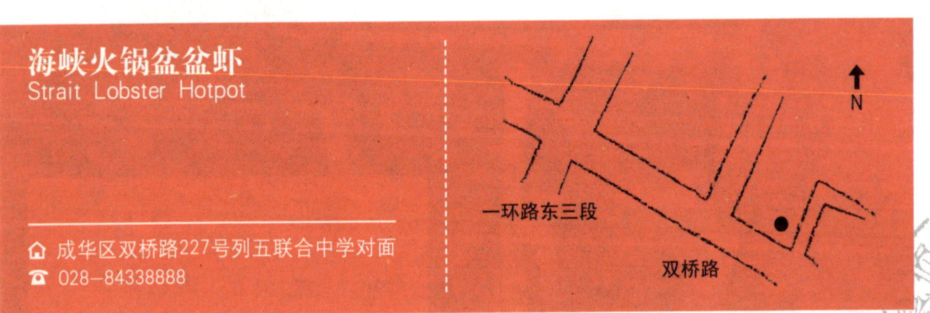

↘ Mr.Q的美食推荐

芋儿鹅掌　　盆盆虾

「干锅鹅唇麻、辣、香，
好吃得差点把舌头咬下来。
小龙虾无论鱼香还是麻辣都好吃，
芋儿鹅掌，又软又香，入口化渣。」

「喜欢这里的韩包子和烧麦，配上泡菜和绿豆稀饭是不错的早餐。」

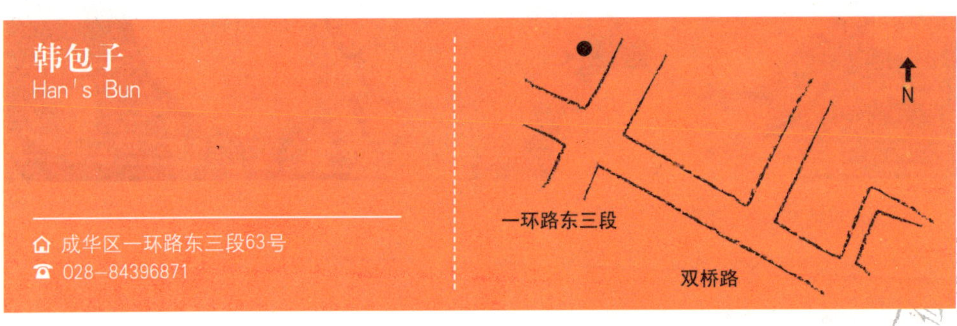

韩包子

Han's Bun

成华区一环路东三段63号

028-84396871

口味鲜美多汁

韩包子家的美食档案

包子应该是中国最普遍的小吃了，成都韩包子便是很有特色的一例。他家的包子使用特级面粉、肥瘦猪肉、化猪油及各种调料制成，其特色是：花纹清晰，皮薄馅饱，松软细嫩。

成都名小吃韩包子从创业至今已有80多年的历史。1914年温江人韩玉隆在成都南打金街开设“玉隆园面食店”，因其包子的味道格外鲜美而在成都站稳了脚跟。韩玉隆辞世后，儿子韩文华接替经营，他在包子的做法上精心探索，创制出南虾包子、火腿包子、鲜肉包子等多个品种，在成都饮食行道一炮而红，名声不胫而走。后来韩文华干脆专营包子，并将其店名更换为“韩包子”，生意越做越红火。有一位外地游客曾在店内的留言簿上写道，“北有狗不理，南有韩包子，韩包子物美价更廉。”足见食客们对他们家包子的热衷。

Mr.Q的美食推荐

韩包子　烧卖

RENMIN RD.
nice

第三章
郊区主题美食
hot
CHENG
DU

出租汽车停靠站
成都市城区地图
成都
成都地图出版社

老妈家的美食档案

成都兔头，以双流的老妈兔头最为知名。坐落在双流机场附近的老妈兔头，一直被成都的好吃嘴们所津津乐道，尽管这里的环境只能说是较为宽敞的“苍蝇馆子”，但依然不影响它火爆的生意。坊间传言，20年前，双流县有这么一位既慈爱又有厨艺的妈妈，本是开麻辣烫小吃店，因儿子爱吃兔头，索性把兔头放进麻辣烫的锅里一起煮给儿子解馋。结果儿子越吃越上瘾，麻辣烫小店门口大啃兔头的儿子都成了活招牌。兔头鹊巢鸠占，小店从此专卖兔头，口感麻辣鲜香，慕名而来的客人一传十十传百，小店门口排起了长队，许多人一买就是十个八个。卖兔头的妈妈也出了名，老人家被亲切地称呼为“老妈”，店名干脆就改作“双流老妈兔头”。

位于成都双流老城的老妈兔头经过近20年的发展，已经成为成都地区的一道著名小吃。老妈兔头以精选的原料，独特的配方，经精心烹饪，麻辣鲜香，回味悠长，成为众多食客的美味佳肴。

Mr.Q的美食推荐

麻辣兔头　五香兔头　冒粉

双流老妈兔头声名远播，在北京都开了分店。食客们顾不得新鲜出锅的兔头的烫手，直接用手撕扯着吃，油不停地往下滴，骨酥肉软，若在边啃兔头时边喝点儿小酒，简直酣畅淋漓。他们家卤水冒出来的荤菜素菜也很好吃，推荐。

双流县老妈兔头
Shuangliu Mum's Rabbit Cooking

近郊双流县藏卫路北二段54号

028--85825978

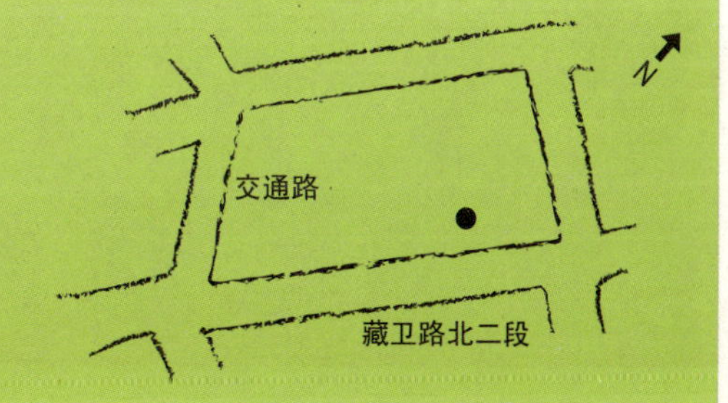

「双流乔一乔很有名气，
以东升店的味儿最正。」

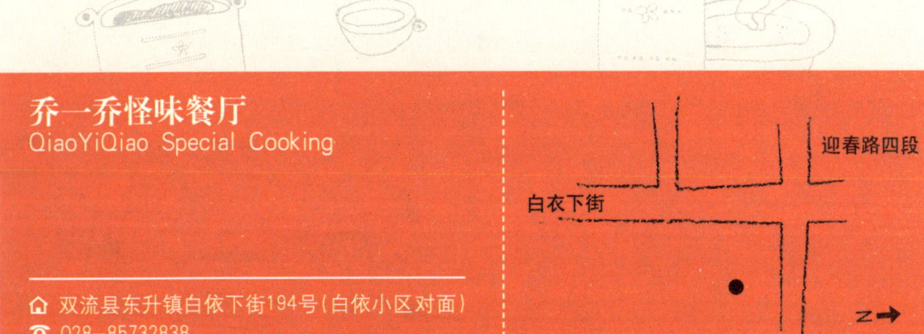

乔一乔怪味餐厅

QiaoYiQiao Special Cooking

双流县东升镇白依下街194号（白依小区对面）

028-85732838

↘ 乔一乔家的美食档案

成都餐饮界有很多区县包围城市的成功案例，他们一般先在当地打出名气之后，吸引很多成都人不怕路途遥远前往尝鲜，最后再把分店开到市区来。区县杀入市区的菜基本上都有一个共同点：辣得可怕，辣得可爱。乔一乔也不例外，这家以鹅唇、鸭舌、兔头等闻名的馆子，在辣椒和红油上舍得花本钱，口味特别重，算得上是怪味，吃一次就“过口不忘”。

该店集千年农家之香炒，取巴蜀火锅之精华，香而不闷、辣而不燥、麻而不木，香中有麻、辣、鲜、香、怪，百味争艳，回味无穷，美不胜收。乔是发明者的姓，喻意为“瞧”。将“乔”与“瞧”相互贯通，是该店独具的构思及理念，使之一瞧就来兴趣，一瞧就来食欲，一瞧就想品尝，一品尝就爱不释口。怪味乃该店的灵魂。用料独特、做工考究、品味奇、味道怪、香飘四溢。

↘ Mr.Q的美食推荐

兔头鸭唇混炒	兔头
鸭翅	兔肉
鹅唇	龙虾

老田坎土鳝鱼庄

Tian's Fish Cooking

双流华阳天府大道南段左岸花都旁

028–85622618

老田坎家的美食档案

当地颇有名气的家常川菜馆，主打鳝鱼，鳝鱼的做法堪称一流，土豆烧鸭子更是一绝，人气很旺。

老田坎土鳝鱼有几个特色菜。一是招牌的鳝鱼，麻辣味道的干煸鳝鱼尤其味佳；二是光头烧鸭子，光头指的是小个的光滑土豆，看起来很像小光头；三是味道很不错的跳水青蛙；四是凉菜中的凉拌萝卜丝；五是三鲜面疙瘩，趁热品尝极有嚼头。

他们家的菜够辣，非常麻辣，绝对是成都人的大爱。上菜速度也非常快，除了蛙是现点现杀稍慢以外，别的主菜基本上都是同时上来的。

鳝鱼很新鲜，不管是水煮的还是干煸的，都无比鲜嫩，咬一口刚刚好；凉拌木耳，味道那叫一个赞！

Mr.Q的美食推荐

干煸鳝鱼　　凉拌木耳
三鲜面疙瘩　　水煮鳝鱼

「主营川菜，原材料新鲜，做法也不错。」

↘ 雪柳渡家的美食档案

他们家的店名充满诗意，源自辛弃疾词《青玉案 · 元夕》："蛾儿雪柳黄金缕，笑语盈盈暗香去。众里寻他千百度，蓦然回首，那人却在，灯火阑珊处。"

雪，白色，象征着特色菜豆腐；柳，绿色，象征着健康和高品位；渡，渡口，象征着繁华。雪柳渡代表着品质与品牌。味道不错，人气很旺。

雪柳渡风味庄
XueLiuDu Resturant

⌂ 温江区柳城大道西段135号
☎ 028-82760098

大南街
柳城大道
凤溪大道
N

店名脱俗 菜品惊艳

↘Mr.Q的美食推荐

架子鹅肠　　雪柳大排
爽口豆花　　雪柳烤鱼
花椒牛柳

雪柳渡家价格适中，丰俭由人，属于老百姓吃得起的地方。主营川菜，原材料新鲜，做法也不错，几个主打菜作为保留节目一直热卖。

烤鱼比较惊艳，够火候，干爽适中；招牌雪柳大排是必点菜，分量够，适合肉食动物，里面的土豆也做得很好；豆花比较清淡。

↘ Mr.Q的美食推荐

肥肠　猪手
凉面　兔头

「万春卤菜名声在外，舌头自有公道，天佑祥是生意最好、味道最正的那家。卤肥肠堪称一绝。」

↘ 天佑祥家的美食档案

远近闻名的四川“万春卤菜”已有上百年的历史，可谓卤菜一绝。其为清末民初官僚周泽之父子始创，是集合众多地方卤菜之长而烹调制成的精品家宴卤菜，传说要到过年过节，万春的周府在招待亲朋好友摆设家宴时人们才能品尝得到美味的卤菜。

万春卤菜有一大特色，即是从不用卤水来泡卤菜，即使是一般的卤肉，店家也只给少量的卤水。卤水十分讲究，不可以随便加水加料，而是经过特别熬制的。卤水的保存也十分讲究，一定需要倒入瓦缸内封存，因此几十年、上百年都不会变质。

天佑祥万春老卤
TianYouXiang Food

⌂ 温江区天香后街
☎ 028-82612866

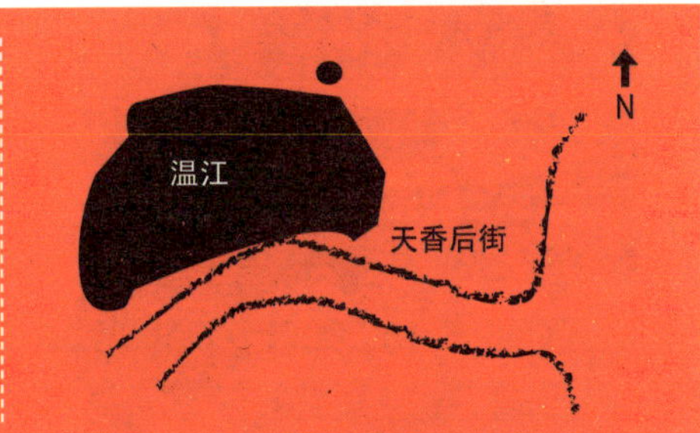

「舒肘子的当家菜当然是肘子。轻咬上一口，肘子的浓香一直从嘴里滑进胃里，唇齿间回味无穷。」

舒肘子

Shu's Pork Trotter

⌂ 温江区光华大道建信奥林匹克商业港

☎ 028–82607388

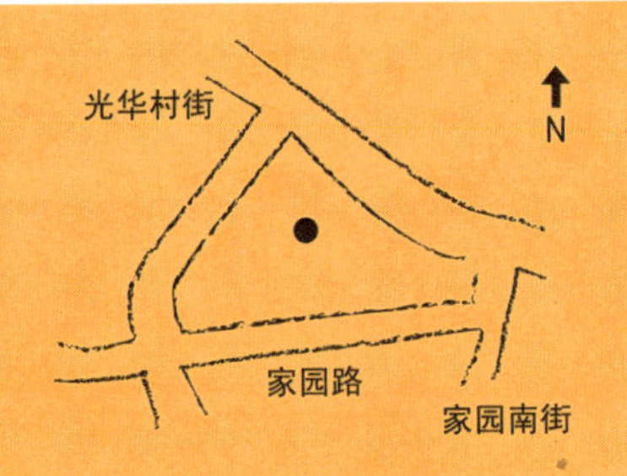

↘ 舒肘子家的美食档案

被称为川西一绝的舒肘子，在成都可说是家喻户晓。创建于1989年，创始人舒永建先生经家族三代人的精心研究，独创的肘子系列名扬四方它配料精细，工艺讲究，光肘子的做法就有三百余种。舒肘子肥而不腻，具有独特的滋补保健作用，深受广大食客的喜爱。

↘ Mr.Q的美食推荐

罐罐香舒肘子　　飞水蒜香青蒿
辣欢天　　舒氏长生果

肘子，猪身上最值得一吃，也是最老少皆宜的一块肉。舒肘子的特点是：肥而不腻、瘦而不柴、鲜而不熟、香而不艳。

该店经过几十年不断的尝试、改进、创新，同样的原材料，创造出了几十种不同的做法，不同的吃法。酸汤肘子，药香汁浓，补气养身，浓香味醇；鲜人参金汤肘子，参味浓滑，肥而不腻，益气养身；南非干鲍煨肘子，富含不饱和氨基酸，养身健体，补气血；麻辣热拌肘子，糯鲜香，麻辣味重；舒氏酱肘子，色泽艳丽，酱香汁爽……

公平家的美食档案

温江的公平镇素有“川西饮食名镇”之称。成都人喜欢吃兔子，有几种吃法：一种是火锅，以马家场的晶晶兔子火锅、龙泉十陵凉水井兔子火锅为最好；一种是干锅，十陵镇为最好；一种是黄焖，以温江公平镇的公平红烧兔店内的兔子为佳。

店面普普通通，但门口却停满各种小车，长期生意兴隆。兔子有红烧和黄焖两种，现点现杀，辣味很正，吃完还可以加菜煮。总店拳头食品是兔子，有黄焖、红烧、辣子、泡椒等六种做法。

Mr.Q的美食推荐

红烧兔　卤菜　猪尾巴

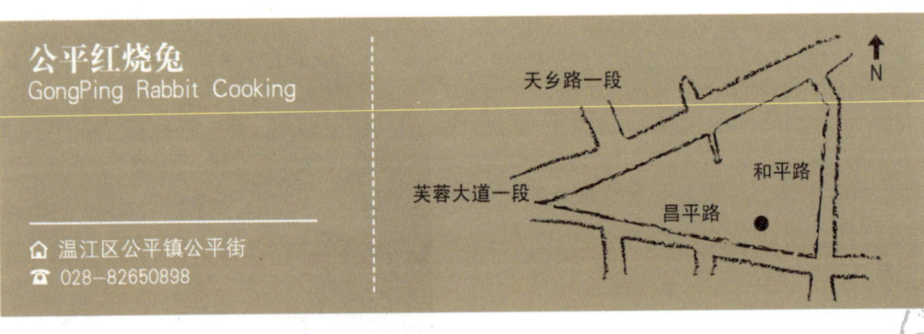

公平红烧兔
GongPing Rabbit Cooking

温江区公平镇公平街
028-82650898

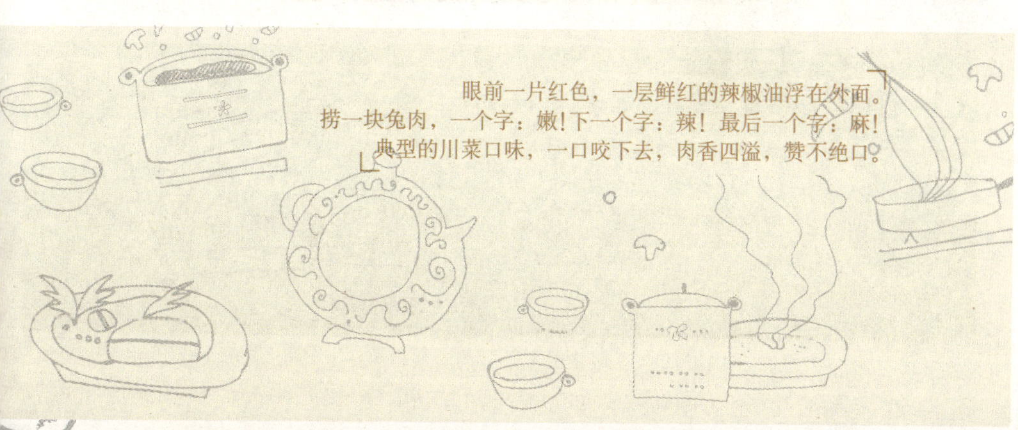

眼前一片红色，一层鲜红的辣椒油浮在外面。
捞一块兔肉，一个字：嫩！下一个字：辣！最后一个字：麻！
典型的川菜口味，一口咬下去，肉香四溢，赞不绝口。

邛崃奶汤面
QiongLai Milk Noodle

⌂ 成华区五坪小区
☎ 028-80133990

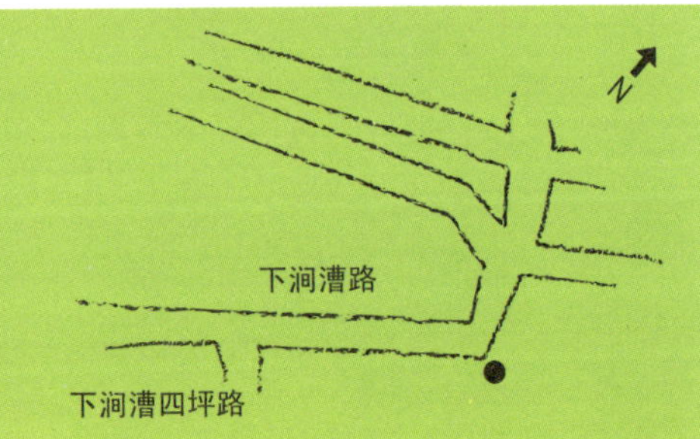

↘ 邛崃家的美食档案

邛崃市位于四川省西部，那里不仅有景色迷人的天台山、佳话传千古的文君井，更有久负盛名的奶汤面和钵钵鸡。奶汤面，顾名思义会以为是加入动物鲜奶调制的汤面。实际上，这种地方传统小吃是用新鲜猪骨、猪蹄、香肘、鸡肉炖成香味浓郁的奶汤，将其盛入碗内，配以佐料，加入煮熟的水叶面即成。邛崃县境内经营该食品的店有数百之多，在品种方面也有进一步发展，如鸡丝臊子的叫成"鸡丝奶汤面"，加三鲜臊子的叫"三鲜奶汤面"等。

奶汤面因面汤如奶而得名。店家在头天晚上将猪骨、鸡骨放进锅里，用微火熬煮，一直熬到清晨，汤由清变白成了奶状，此时，一掀锅盖，缕缕香气扑鼻而来。用这种奶汤煮面，加上鸡丝、酸菜肉丝等臊子，吃起来非常可口。此外，店内供应的钵钵鸡也可称为麻辣鸡片，因过去常装在锥形的土钵里叫卖，人们习惯地称之为钵钵鸡。它是选用公鸡，经宰杀、去毛、剖肚、煮熟后，捞起来晾晾再剔骨去头，用快刀片成均匀的薄片，整整齐齐地摆在面盆或大盘里，然后淋上用红油辣椒、炒芝麻等兑好的调料，香气四溢，让人馋涎欲滴。

奶汤面的颜色果然像牛奶一样白，味道香浓。

↘ Mr.Q的美食推荐

奶汤面　钵钵鸡

首选辣制野生黄辣丁和特色河鲜。
麻辣味道的黄辣丁可让人食欲大开，周身舒畅，不辣的黄辣丁则给人飘然之感。

胖大姐黄辣丁鱼庄
Fat Sister's Fish Cooking

新津县邓双镇岷江大道二段495号

028-82590777

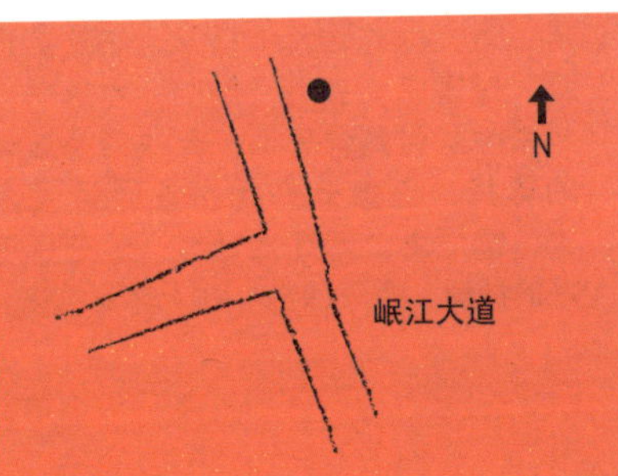

↘胖大姐家的美食档案

四川的人们把黄颡鱼叫为黄辣丁。新津县五河汇聚（南河、西河、金马河、羊马河和杨柳河），在县城近郊交汇流入岷江。因五河水域广阔、水产资源丰富，盛产黄辣丁等多种河鱼，所以新津人知水识鱼，烹鱼历史久远。新津县"名吃"黄辣丁在当地颇有名气，胖大姐家做得尤其不错。

黄辣丁乃江水中土生土长的鱼儿，鱼体不大，遍体通黄，三五成群地巡游在岷江里。用它做菜味道鲜，汤汁美。黄辣丁无鳞，制作方法为洗净鱼儿，掏尽肠肚，直接用大火清炖，片刻汤汁鲜味即出。鱼肉白细鲜嫩，鱼刺微小，可以直接吞入。店内以河鲜为主，除黄辣丁外，还有各种河鱼，可以尝到新津特有的河鲜风味。

↘Mr.Q的美食推荐

黄辣丁汆豆腐　　金沙胭脂鱼
香辣黄辣丁

新繁家的美食档案

抄手，一道家常小吃，却有豆瓣抄手、麦香抄手等等风味各异的做法。位于新繁正东街172号的“新繁王老四豆瓣抄手”由于其色香味美、香而不辣而颇有名气。该店在当地经营了近30年，底料几乎全部是用豆瓣调出来的，不但没有一般豆瓣那种生生的味道，而且入口后还有一阵阵豆香，再加上少许葱花，更是让人回味。

豆瓣汤底有股豆瓣、花椒、红油融合的香味。店内还可品尝串串、卤味等食品，价格便宜，尤其适合上班族当午餐。

Mr.Q的美食推荐

鸭肠　肥牛　黄喉

新繁豆瓣抄手

XinFan Honton

近郊新都区新繁镇正东街

东环路
N
三西路
圣谕亭巷

第四章
成都五日小吃团攻略
hot
CHENG
DU

第一日行程
繁华都市与自在悠闲

早餐

华兴街煎蛋面：二两红油煎蛋面加一个红糖粽子，吃得开怀。

上午

天府广场：感受成都的开阔大气，逛春熙路、盐市口，感受成都的繁华时尚，打望芙蓉花开之地的成都美女。

中餐

盘飧市：卤菜拼盘爽口，三鲜汤鲜美，一个卤肉锅盔，吃饱了有力气继续在成都淘宝。

下午

宽巷子：到花间喝喝茶，向成都人民学习悠闲自在。

晚餐

李雪牛杂火锅：都说牛杂是下水，但经过火锅的熏陶，牛杂骚味尽去，一派香辣，味道正宗。

第二日行程 汇聚传统与民俗

早餐

龙抄手：品尝红油和海味抄手，两种口感都值得一试。

上午

锦里民俗文化街：购买当地工艺品和特产，去武侯祠博物馆感受三国氛围。

中餐

锦里小吃街：三大炮、肥肠粉、蒸蒸糕，吃个肚饱。

下午

青羊宫–杜甫草堂：感受历史悠久古文化。

晚餐

大妙火锅：如画卷一般的正宗四川火锅店。

第三日行程 触摸成都底蕴

早餐

钟水饺：中华老字号水饺名店，不尝可惜了。

上午

金沙遗址博物馆：将成都与世界相连的遗迹。

中餐

红杏酒楼：号称成都最精品川菜酒楼。

下午

游览永陵–文殊院，逛完皇家陵园，到文殊院求一个平安。

晚餐

钟鲶鱼河鲜馆：体验成都河鲜，鱼头值得一吃。